Bergbauer

**Was lebt in
heimischen Seen?**

Matthias Bergbauer

Was lebt in heimischen Seen?

Ein Bestimmungsbuch für Taucher und Schnorchler

KOSMOS

Inhalt

Spannende Beobachtungen 6

Wirbellose 10

Amphibien & Reptilien 66

Fische 88

Spannende Beobachtungen

Tierbeobachtung und Naturerlebnis an unseren Seen und Weihern, Flüssen und Bächen haben eine lange Tradition. Diese vielfältigen Lebensräume sind Heimat für eine artenreiche Tierwelt. Am Gewässerrand sind regelmäßig Wasservögel oder Libellen anzutreffen und in der Ufervegetation lebt eine Vielzahl von Insekten. Wasserläufer, Taumelkäfer und Ruderwanzen sind auch auf der Wasseroberfläche zu sehen.

Verborgen bleibt allerdings die faszinierende Welt unter Wasser. Fische, Krebse, Muscheln, Schnecken und viele andere Tiere lassen sich von Land aus kaum oder gar nicht beobachten. Das eine oder andere Tier kann man im Seichtwasser aufheben oder aus tieferem Wasser mit Krauthaken, Kescher, Flach-, Teich- oder Planktonnetzen aufsammeln. Spannende Begegnungen mit den Unterwassertieren gelingen auf diese Weise eher selten .

Erdkröte mit ihren Laichschnüren

Die direkte Beobachtung der Tiere in ihrem Lebensraum unter Wasser ist vergleichsweise jung. Wer mit Tauchmaske und Schnorchel oder mit der Pressluftflasche im Gewässer auf der Pirsch ist, dem erschließt sich eine unglaublich vielseitige Unterwasserwelt. Taucher erleben ihre »Studienobjekte« in ihrem natürlichen Element, in freier Wildbahn und nicht in einem Käscher oder in einer Plastikschale schwimmend. Taucher und Schnorchler sind mittendrin, beobachten und entdecken und erleben das natürliche Verhalten der Unterwassertiere.

Dazu müssen sie nicht einmal sehr tief tauchen. Im Gegenteil: Das pralle Leben spielt sich im oberen Zehn-Meter-Bereich ab. Hier sind nicht nur die meisten Fische anzutreffen, auch das Gros der größeren Wirbellosen ist hier zu Hause. Am ergiebigsten sind zudem die ufernahen, in Seen meist pflanzenreichen Bereiche. In der Uferzone also, wo das Wasser temperierter, Schnorcheln und Tauchen auch leichter

Spitz-Schlammschnecke

Selten: Ein Aal tagsüber im Freien Imposant: Wels von unten

und angenehmer ist, gibt es glücklicherweise am meisten zu sehen – und zu fotografieren. Für Ausflüge ins freie Wasser oder in die Tiefe sollte man dagegen gut über das Gewässer und seine Bewohner Bescheid wissen, wenn der Tauchgang wirklich ein Erlebnis werden soll.

Wer öfter unter der Wasseroberfläche unterwegs ist, lernt immer mehr über die Zusammenhänge und kann faszinierende Entdeckungen machen: Wo halten sich die verschiedenen Arten bevorzugt auf? Welche Unterschlüpfe bevorzugen sie? Wann sind sie aktiv? Wie verhalten sie sich bei der Nahrungssuche, beim Fressen, bei der Paarung und bei manchen Arten auch beim Bewachen ihres Geleges? Dabei hat jedes einzelne Gewässer seine Besonderheit, etwas Individuelles, Eigenes. Es unterscheidet sich von anderen in

Heimrevier: eine Barbe in ihrem typischen Lebensraum

seiner Strukturierung, dem Pflanzenwuchs, der Zusammensetzung der Arten und ihrer Populationsdichte. Den Entdeckungen und dem Abenteuer Naturerlebnis mit spannenden Begegnungen mit Tieren in ihrem Lebensraum sind also keine Grenzen gesetzt.

Einer authentischen Naturdokumentation ist auch das vorliegende Buch verpflichtet. Zum ersten Mal wird die heimische Unterwasser-Tierwelt in diesem Umfang und ausschließlich mit Aufnahmen aus dem natürlichen Lebensraum dieser Tiere gezeigt. Dies ist eine Premiere und unterstreicht auch die Seltenheit solcher Fotos. Möglich gemacht wurde das durch hervorragende Naturfotografen, die seit vielen Jahren die Unterwasserwelt unserer Süßgewässer kennen, sich darin bewegen und sie in spannenden Bildern dokumentieren.

Wirbellose

Geweihschwamm
Spongilla lacustris

Schwämme saugen durch winzige Poren auf ihrer Körperoberfläche Umgebungswasser an und pumpen es durch ihr verzweigtes, inneres Kanalsystem. Dabei werden im Wasser schwebende Bakterien, einzellige Algen und Detritus als Nahrung rausgefiltert. Das gefilterte Wasser wird über größere, oft gut sichtbare Ausströmöffnungen wieder nach draußen gepumpt. Den Wasserstrom, der zugleich frisches Atemwasser darstellt, erzeugen Schwämme im Inneren ihres Körpers mit speziellen Geißelzellen.

Größe: meist bis 30 m
Merkmale: Oft geweihförmig, teils auch kissenförmige Überzüge. Färbung variabel, grün, beige oder gräulich.
Vorkommen: Stehende und fließende Gewässer; bevorzugt nährstoffreiches und nicht zu kaltes Wasser. Kommt weltweit vor.

Wissenswert
Im Jahr 2002 wurde im oberbayerischen Staffelsee ein sensationell großer, übermannshoher Geweihschwamm entdeckt. Bis dahin war das einzige bekannte meterhohe Exemplar eines Süßwasserschwammes im Baikalsee gefunden worden.

Klumpenschwamm
Ephydatia fluviatilis

Bei den grünen Exemplaren dieser Art kommt die auffällige Farbe von einzelligen grünen Algen der Gattung *Chlorella*, die symbiotisch im oberflächigen Schwammgewebe leben und Photosynthese betreiben. Untersuchungen zeigten, dass zum Beispiel die graubraunen Exemplare keine solcher Algen enthalten.

Die Wuchsform von Schwämmen ist stark abhängig von den Standortbedingungen, wie zum Beispiel der Wasserbewegung. Beim Klumpenschwamm beispielsweise kann sich die Form auch im Jahresverlauf verändern.

Größe: 10 bis 50 cm
Merkmale: Meist flache Krusten oder polsterförmige Klumpen. Färbung variabel: grün, blassgelb, gräulich-bräunlich oder weißlich. Fühlt sich rau an.
Vorkommen: Stehende und langsam fließende Gewässer, z. B. in Seen, Teichen und deren Abflüssen. Weltweitverbreitet.

Wissenswert

Selbst Exemplare derselben Schwammart können deutliche Unterschiede in der Form zeigen. Diese Variabilität macht die genaue Bestimmung mit dem bloßen Augen für viele Schwammarten oft schwer oder unmöglich.

Süßwasserqualle
Craspedacusta sowerbyi

Quallen (Medusen) sind das frei schwimmende, sich sexuell vermehrende Stadium der Süßwasserqualle. Aus befruchteten Eiern entwickeln sich am Grund festsitzende, winzige Polypen. Sie vermehren sich ungeschlechtlich durch Teilung und Knospung. Später produzieren sie scheibenförmige Larven, die davon treiben und zu Medusen heranwachsen. Sie bestehen zu 99 Prozent aus Wasser und erreichen bei genügend Zooplankton-Nahrung sehr schnell ihre volle Größe. Für Menschen ist diese Art wegen ihrer geringen Nesselkraft harmlos.

Größe: Durchmesser bis 2,5 cm
Merkmale: Schirm halbkugelig, zahlreiche Tentakeln.
Vorkommen: Stehende Gewässer, besonders Bagger- und Steinbruchseen. Weltweit verbreitet, nur in wenigen Gebieten nicht nachgewiesen.

Wissenswert

Diese ostasiatische Art wurde um 1880 nach Europa eingeschleppt und ist bis heute die einzige bei uns vorkommende Süßwasserqualle. In manchen Seen tritt sie gelegentlich in Massen auf, doch die Ursachen für solche sporadischen „Quallenjahre" sind nicht bekannt.

Gallertiges Moostierchen
Cristatella mucedo

Die Kolonien siedeln z. B. auf Pflanzen, Steinen und Holz. Sie können auf ihrer gallertigen Sohle kriechen und so wenige Zentimeter am Tag zurücklegen. Eine Kolonie wächst asexuell durch Knospung. Ab einer bestimmten Größe kann sie sich teilen, die Hälften kriechen auseinander und wachsen wieder durch Knospung. Süßwasser-Moostierchen können Flottoblasten (spezielle Dauerstadien) bilden, die von Strömung, Wind oder Wasservögeln weit verfrachtet werden und in geeigneten Gewässern wieder zu Moostierchen heranwachsen.

Größe: Kolonie meist 2 bis 5 cm, selten bis über 10 cm
Merkmale: Einzeltiere (Zooide) 1-2 mm groß. Die meist bandförmige Kolonie besteht aus vielen, in Reihen angeordneten Einzeltieren, ist weißlich bis blassbeige und von gelatinöser Konsistenz.
Vorkommen: Stehende und meist langsam fließende Gewässer. In vielen Gebieten der Welt.

Wissenswert

Moostierchen sind aktive Filtrierer. Mit ihren Tentakeln erzeugen sie einen leichten Wasserstrom, aus dem sie Plankton und Nahrungspartikel herausfiltern.

Pilzartiges Moostierchen
Plumatella fungosa

Diese Art siedelt an festen Untergründen, bevorzugt Äste, Wurzeln und Steine, gelegentlich an Muschelschalen, doch nicht an grünen Pflanzenteilen. Sie ist an Uferzonen bis einige Meter Wassertiefe anzutreffen, meidet jedoch sehr oberflächennahe Standorte. Wie bei anderen Süßwasser-Moostierchen bilden die zum Herbst absterbenden Kolonien zum Überwintern festsitzende Dauerkeime (Sessoblasten). Daraus entstehen im Frühjahr neue Kolonien, die dann durch Knospung weiterwachsen.

Größe: Kolonie meist bis 5 cm, max 20 cm.
Merkmale: Einzeltiere (Zooide) 1-4 mm groß. Kolonie flach oder kompakt-ballförmig.
Vorkommen: Stehende und fließende Gewässer, bis 2100 Meter Höhe in Bergseen. Nördliche Hemisphäre; in Europa weite Teile bis Ural und Kaukasus.

Wissenswert
Die Färbung wird in der Literatur meist als rot-bräunlich beschrieben (wegen der bräunlichen Röhren der Einzeltiere). Doch unter Wasser erscheinen sie wegen des dichten Feldes ihrer Tentakelkronen gräulich.

Pferdeegel
Haemopis sanguisuga

Anders als der verwandte Blutegel ernährt sich der Pferdeegel nicht als Blutsauger. Er ist ein Räuber, der wirbellose Kleintiere wie Schnecken, Kaulquappen, Würmer und Insektenlarven erbeutet. Egel atmen über die Haut, indem sie im Wasser gelösten Sauerstoff über Diffusion aufnehmen. Sie können spannenraupenartig kriechen, indem sie abwechselnd den Saugnapf am Vorder- bzw. Hinterleib lösen und ein Stück weiter wieder aufsetzen. Außerdem können sie mit schlängelnden Bewegungen elegant schwimmen.

Größe: 6 bis 15 cm
Merkmale: Köper abgeflacht, vorne schmaler. Vorder- und Hinterende mit je einem Saugnapf. Oberseite braungrau bis grünbraun (der Medizinische Blutegel hat orangerote Längsstreifen).
Vorkommen: Stehende und langsam fließende Gewässer. Weitverbreitet in Europa und Nordafrika, aber in vielen Gebieten eher selten.

Wissenswert
Pferdeegel sind Zwitter und befruchten sich bei der Paarung gegenseitig. Die Eier werden in ein Zentimeter große Kokons im Wasser oder am feuchten Gewässerrand abgelegt.

Großer Gelbrandkäfer
Dytiscus marginalis

Dieser attraktive Käfer kann mit seinen paddelartigen, mit einem dichten Haarsaum versehenen Hinterbeinen gut schwimmen. Er jagt auch tauchend und erbeutet Insektenlarven, Würmern, Wasserschnecken, Kaulquappen und Kleinfische. Bei der Paarung sitzt das Männchen huckepack auf dem Weibchen und hält sich mit seinen verdickten, mit Saugnäpfen bestückten Vorderbeinen am Weibchen fest. Das Weibchen legt von März bis April die Eier einzeln in Pflanzengewebe ab. Es schneidet sie ein, legt die Eier ab und verschließt die Schnittstelle anschließend mit einem Sekret. Die Verpuppung dauert 2-5 Wochen. Die Larven gehen dazu an Land und graben sich an geschützten Stellen, wie unter Steinen, ein. Die Käfer können bei Bedarf zu anderen, weiter entfernten Gewässern fliegen. Die Larven des Gelbrandkäfers werden maximal 8 cm lang und sind ebenfalls gefräßige Räuber. Mit ihren kräftigen Mandibeln ergreifen sie ihre Beute und injizieren ein lähmendes Gift, das zugleich verdauungsfördernde Stoffe enthält, und saugen sie aus.

Größe: Käfer bis 3,5 cm, Larve 5-8 cm
Merkmale: Gelbes Band rund um Halsschild und an den Seiten der Flügeldecken. Diese sind beim Männchen braunschwarz und glatt, beim Weibchen mit hellbraunen Längsfurchen.
Vorkommen: Stehende und langsam fließende Gewässer. Bevorzugt ruhige Tümpel, verkrautete Teiche, Gräben, Kanäle. Fast ganz Europa, östlich bis Sibirien.

Wissenswert
Zum Luftholen streckt der Gelbrandkäfer seine Hinterleibsspitze mit den Atemöffnungen über die Wasseroberfläche. Auch die Larven müssen regelmäßig zum Luftholen auftauchen.

Libellenlarven

Bei den Libellen werden zwei Formen unterschieden: Klein- und Großlibellen. Kleinlibellen haben einen dünnen Hinterleib, kleine, knopfförmige Augen und legen in Ruhestellung ihre Flügel schräg über dem Rücken zusammen. Großlibellen haben einen kräftigen Hinterleib, sehr große Augen und in Ruhestellung spreizen sie ihre Flügel rechtwinkelig vom Körper ab.

Libellen bevorzugen stehende Gewässer, vom kleinen Teich bis zum großen See, wo häufig verschiedene Arten vorkommen. Die Weibchen der meisten Arten legen ihre Eier im Gewässer ab. Die Larven lassen sich leicht zuordnen: Kleinlibellenlarven sind schlank, ihr Hinterleib endet in 3 langen, der Atmung dienenden Schwanzblättchen. Großlibellenlarven sind meist sehr viel kräftiger gebaut, ihr Hinterleibsende trägt keine Kiemenblättchen, sondern 5 oft sehr kurze Stacheln.

Libellenlarven lauern am Boden oder zwischen Wasserpflanzen auf Beute. Ihre Mundwerkzeuge bilden eine Fangmaske, die in Ruhestellung auf der Kopfunterseite eingefaltet ist. Zum Beutefang wird sie blitzartig vorgeschleudert. Kleinlibellenlarven fressen z. B. Flohkrebse und kleine Insektenlarven. Großlibellenlarven erbeuten auch Kaulquappen und kleine Fische.

Wissenswert

Die Larven beider Libellenformen bewegen sich mit ihren Beinen über den Grund. Die Kleinlibellenlarven können durch Wellenbewegungen ihres Rumpfes auch ein Stück schwimmen. Dies können die kräftig gebauten Großlibellenlarven nicht. Sie können aber schnell und kräftig Wasser aus ihrem Enddarm durch den Anus auszupressen. Mit diesem Rückstoßprinzip können sie über kurze Distanzen rasch vorwärtsschnellen.
Beide Fotos zeigen Großlibellen.

Stabwanze
Ranatra linaris

Der lange „Schwanz" der Stabwanze ist ihr Atemrohr, das häufig etwas aus dem Wasser ragt, während sie dicht unter der Oberfläche lauert. Ihre Beute hat keine Chance. Die Stabwanze packt mit ihren Fangbeinen zu, sticht den Fang mit dem Rüssel und saugt ihn aus. Als Beute dienen z. B. Kleinkrebschen, Insektenlarven, größere Wasserkäfer, Kaulquappen und Jungfische.
Die Stabwanze ist zwar weitverbreitet, meist aber selten und wird wegen ihrer guten Tarnung leicht übersehen.

Größe: bis 4 cm (ohne Atemrohr)
Merkmale: Stabförmiger Körper mit annähernd ebenso langem Atemrohr. Lange „spindeldürre" Beine. Vorderbeine zu Fangarmen umgewandelt. Kräftiger Stechrüssel.
Vorkommen: Stehende und langsam fließende Gewässer mit reichem Pflanzenwuchs. Ganz Europa, Asien bis China.

Wissenswertes
Die Eier tragen jeweils zwei fadenförmige Atemfortsätze. Deshalb, und weil die Stabwanze die Eier in Reihen bis etwa 10 Stück in Pflanzengewebe einsticht, wirken sie wie „angenäht".

Rückenschwimmer
Notonecta glauca

Rückenschwimmer gehören zu Wasserwanzen, und wie alle anderen Wanzen besitzt auch sie einen Stech-Saugrüssel. Sie leben räuberisch und packen mit ihren beiden vorderen Beinpaaren alles, was sie überwältigen können – etwa andere Insekten oder Kaulquappen – stechen ihre Beute mit ihrem kräftigen, kurzen Rüssel an und saugen sie aus. Die Hinterbeine sind sehr lang, haben einen Saum aus Schwimmhaaren und werden wie Ruder eingesetzt. So erweisen sich diese Tiere als schnelle und geschickte Schwimmer.

Größe: ca. 15 mm
Merkmale: Rückenseite bootsförmig gewölbt, Bauchseite flach. Drei Beinpaare. Große rotbraune bis rote Komplexaugen.
Vorkommen: Stehende und langsam fließende Gewässer, z. B. Seeufer, Teiche, Tümpel, Gräben; weitverbreitet, in Mitteleuropa mit etwa ein halbes Dutzend Arten.

Wissenswert
Rückenschwimmer hängen sich zum Luftholen mit dem Rücken nach unten unter die Wasseroberfläche. Sie durchstoßen die Oberfläche mit der Hinterleibsspitze. So tanken sie Luft, die sie zwischen ihren Bauchhaaren mit sich führen.

Kiemenfuß, Triops
Triops cancriformis

Triops schwimmt die meiste Zeit dicht über dem Substrat und ist fast ständig in Bewegung. Das unablässige Schlagen der zahlreichen Schwimmbeine dient der Fortbewegung und der Frischwasserzufuhr, da an ihnen Kiemenblättchen sitzen. Jungtiere ernähren sich als Filtrierer, dann fungieren die Blattbeine auch als Filterapparat. Ansonsten frisst Triops verschiedene Kleintiere wie Insektenlarven, Milben und Würmer. Dazu wühlen sie mit dem vorderen Schildbereich im weichen Grund.

Man findet Populationen, in denen alle Tiere weiblich sind und sich durch Jungfernzeugung vermehren. Daneben gibt es bisexuelle Populationen, die wiederum aus männlichen und weiblichen Tieren bestehen können oder aus Hermaphroditen, bei denen ein einzelnes Tier sowohl männliche als auch weibliche Gonaden besitzt und sich selbst befruchtet. Die abgelegten „Eier" sind eigentlich Zysten, da sie bereits den Embryo enthalten. Diese Zysten überdauern jahrelange Trockenzeiten. Aus ihnen können noch nach über 25 Jahren, wenn sie wieder im Wasser liegen, Krebslarven (Nauplien) schlüpfen.

Größe: bis 4 cm (Körper, mit Schwanzanhängen bis 10 cm)
Merkmale: Dünner, gewölbter Rückenschild. Vorne beidseitig lange Geißelfortsätze. Gegliederter Schwanz mit langen, dünnen Anhängen.
Vorkommen: Bevorzugt temporäre Kleinstgewässer. Augebiete, Wiesensenken, Tümpel, Wasserlöcher, überflutete Randgebiete von Flüssen. Ganz Europa und Teile Afrikas.

Wissenswert
Triops gehört zu den Kiemenfußkrebsen und wird auch als „Urzeitkrebs" bezeichnet, da diese Tiere seit über 200 Millionen Jahren praktisch unverändert sind. Triops bedeutet „dreiäugig", und tatsächlich sitzt oberhalb der beiden Komplexaugen noch ein primitives drittes Einzelauge (Naupliusauge), welches hell, dunkel und die Richtung des Lichts erkennt.

Wasserassel
Asellus aquaticus

Kurz vor der Paarung häutet sich das Weibchen und nur dann kann es befruchtet werden. Das Männchen trägt daher das Weibchen schon länger vor der Paarung mit sich herum, um diesen sehr kurzen Zeitraum der Empfängnisbereitschaft nicht zu verpassen und wegen der zahlreichen männlichen Konkurrenz. Nach der Paarung legt das Weibchen die bis zu 100 Eier in einen Brutsack auf der Bauchseite ab. Dort bleiben nach dem Schlüpfen auch die Jungtiere noch eine Weile, bevor sie ausschwärmen.

Größe: Weibchen 8, Männchen 12 cm, max. 15 bzw. 20 cm
Merkmale: Körper abgeflacht, 7 Paar Schreitbeine. Erste Antenne kurz, zweite körperlang.
Vorkommen: Viele Gewässer. Weitverbreitet, wohl ganz Europa und Asien.

Wissenswert
Die Art mag keine Strömung und ist schon ab einer Fließgeschwindigkeit von 5 cm/sec nicht dauerhaft anzutreffen. Sie braucht eine dichte Streuauflage am Gewässergrund mit verrottendem organischem Material, denn sie frisst Detritus und darauf wachsende Pilz- und Bakterienrasen.

Europäische Süßwassergarnele
Atyaephyra desmaresti

Als nur mäßig guter Schwimmer meidet sie schneller fließende Bereiche und hält sich gerne zwischen ufernahen Wasserpflanzen und Steinen auf. Neben Plankton und organischen Schwebeteilchen nimmt sie Detritus und Pflanzenmaterial auch vom Grund. Zur Brutzeit zwischen April und August trägt das Weibchen bis 1500 Eier. Die Jungtiere sind schon im nächsten Frühjahr geschlechtsreif und erreichen meist ein Lebensalter von 12 bis 18 Monaten.

Größe: Weibchen meist bis 3,5 cm, max. 4 cm, Männchen bis 2,3 cm
Merkmale: Häufig transparent, auch gelblich, grünlich, braun oder blau. Färbung kann sich im Laufe des Lebens ändern.
Vorkommen: Zahlreiche Gewässer wie Kanäle, Flüsse und Seen. Ursprünglich in Süß- und Brackwässer des Mittelmeerraumes; bei uns eingewandert.

Wissenswert
Diese Art wurde als Indikator für gute Wasserqualität (geringe organische Belastung und hohe Sauerstoffkonzentration) in den Saprobienindex, einem System zur Bestimmung der Gewässergüte, aufgenommen.

Schwebgarnele
Mysis relicta

Die Schwebgarnele gilt als Glazialrelikt: Von Nordskandinavien hat sie sich während der letzten Eiszeit mit dem Vordringen der Gletscher ausgebreitet, Richtung Süden bis zu den damaligen Gletscherrändern. Nach dem Rückzug der Gletscher blieb sie in geeigneten Gewässern und ist heute zum Beispiel in Südskandinavien, Deutschland und Polen, aber auch in Nordamerika etabliert. In manchen Seen mit deutlich verbesserter Wasserqualität kommt sie heute wieder viel zahlreicher und teils in hohen Dichten vor. Sie lebt im Freiwasser und ernährt sich von Phyto- und Zooplankton und kann in ihrer Gesamtheit einen hohen Fraßdruck auf diese Planktongemeinschaft ausüben. Ihr wichtigster Fressfeind sind Maränen (*Coregonus spp.*), die sich in erster Linie von Plankton ernähren. Für diese Fische sind sie also gleichzeitig Beute und Nahrungskonkurrent.

Größe: 15 bis 18 mm
Merkmale: Halb transparenter Körper. Rücken bucklig; schlanker Hinterleib mit Schwanzfächer. Unauffällige Schwimmbeinchen.
Vorkommen: Große, tiefe, saubere Seen; auch in Flussläufen und kleineren Gewässern (z. B. Auwaldseen). Weitverbreitet in der nördlichen Hemisphäre.

Tipp für Taucher
Im Frühjahr suchen die Erwachsenen Tiere Uferbereiche zur Fortpflanzung auf. Nachdem sie die Junggarnelen entlassen haben, wandern sie wieder ins Freiwasser. Schwebgarnelen sind daher praktisch nur zur Fortpflanzungszeit leicht zu beobachten. Das Foto entstand im Mai: Es wimmelte im flachen Uferbereich des kleinen Sees von „Millionen" Schwebgarnelen. Anfang Juni sah man sie dort nur noch vereinzelt und ab Mitte Juni gar nicht mehr.

Edelkrebs, Europäischer Flusskrebs
Astacus astacus

Der Edelkrebs ist unser größter heimischer Flusskrebs. Früher war er die vorherrschende Art in Mitteleuropa, bis seine Bestände durch die eingeschleppte Krebspest zum größten Teil vernichtet wurden.
Die Paarung findet von Oktober bis November statt. Dabei heftet das Männchen dem Weibchen ein kleines Samenpaket an die Schwanzunterseite. Zwei oder mehrere Wochen nach der Begattung legt das Weibchen bis etwa 350 Eier dazu und trägt sie etwa ein halbes Jahr unter dem Hinterleib mit sich herum Die Jungen schlüpfen zwischen Mai bis Juli, bleiben jedoch bis zu ihrer ersten Häutung an das Muttertier geklammert. Im gleichen Jahr können sie sich etwa 6-8 mal häuten und bis zum Spätherbst 2-4 cm Länge erreichen. Nach der Winterpause finden Häutungen erst wieder ab April statt. Im zweiten Sommer werden sie meist ab 5 cm Länge geschlechtsreif. Edelkrebse können 15 bis 20 Jahre alt werden.

Größe: Männchen bis 18 cm (über 300 g), Weibchen bis 12 cm (85 g).
Merkmale: Zwei Paar Augenleisten. Dunkelbraun bis bräunlichgräulich, selten auch blaue Exemplare. Außer bei blauen Tieren: Scherenunterseiten rot bis rotbraun; Gelenkhaut zwischen den Scherenfingern rot.
Vorkommen: Langsam fließende größere Bäche, Flüsse, Teiche und Seen. Ursprünglich von Italien bis Südengland und Südskandinavien.

Tipp für Taucher
Der Edelkrebs benötigt zur Häutung Temperaturen über 12 Grad und damit sommerwarme Gewässer, die zudem ausreichend Unterschlupfmöglichkeiten bieten sollten. Er meidet, anders als Stein- und Dohlenkrebs, stärker strömende Gewässer. Tagsüber ist er oft in Unterständen und am besten in der Dämmerung zu beobachten.

Krebspest

Vor 1860 gab es in Mitteleuropa außerordentlich reiche Bestände heimischer Flusskrebse. Doch dann wurden vor etwa 150 Jahren Flusskrebse aus Nordamerika eingeführt und mit ihnen der Erreger der Krebspest eingeschleppt. Es handelt sich dabei um den Schlauchpilz, *Aphanomyces astaci*. Amerikanische Krebse sind resistent oder teilresistent gegen den Erreger, fungieren jedoch als Überträger. Heimische Krebse dagegen haben gegen den parasitischen Pilz keine Abwehr entwickelt und sterben innerhalb weniger Tage nach Befall. Meist wird der gesamte Krebsbestand eines Gewässers über die zahlreichen ausstreuenden Erregersporen befallen und innerhalb weniger Wochen oder Monate vollständig vernichtet.

Die blaue, sehr seltene Variante des Edelkrebses

Dohlenkrebs
Austropotamobius pallipes

Der Dohlenkrebs bewohnt die gleichen Gewässertypen wie der ähnliche Steinkrebs, zudem jedoch auch solche mit schlammigem Grund. Im Uferbereich legt er Wohnhöhlen an und nutzt Unterstände zwischen Baumwurzeln. Er verträgt Sommertemperaturen bis 24°, reagiert aber empfindlich auf Gewässerbelastung. Er ist hauptsächlich in Westeuropa – Frankreich, Belgien, England und Irland – verbreitet und auf den Britischen Inseln der einzige ursprünglich heimische Flusskrebs. Vielerorts wurde er durch den eingeführten Signalkrebs zurückgedrängt.

Größe: bis 12 cm. Weibchen bleiben kleiner als Männchen.
Merkmale: Ein Paar Augenleisten. Hell- bis schokoladenbraun oder grünlich oliv. Scherenunterseiten hell, nie rotbraun. Hinter der Nackenfurche 2-3 Dornen. Seiten vor der Nackenfurche glatt.
Vorkommen: Bäche, Flüsse, Teiche und Seen. In Deutschland von Natur aus die seltenste heimische Krebsart, beschränkt auf Südbaden und Schwarzwald. In Österreich nativ in Kärnten, durch Besatz auch in Tirol. In der Schweiz besonders im Norden, Westen und Wallis, durch Besatz in Graubünden.

Steinkrebs
Austropotamonius torrentium

Typische Lebensräume sind sommerkühle, schnell fließende Bäche mit steinigem Grund, naturnahe Wald- und Wiesenbäche, Gebirgsbäche, Nebenflüsse der Elbe, auch größere Flüsse wie der Rhein sowie kalte Alpenseen. Die Weibchen tragen selten mehr als 60 Eier, womit die Fortpflanzungsrate dieser Art relativ gering ist. Steinkrebse graben kleine Wohnhöhlen unter Steinen und zwischen Wurzeln. Sie sind nur gelegentlich tagsüber im Freien, vorwiegend jedoch nachtaktiv und am Tag meist in Unterschlüpfen. Gegenüber organischer und chemischer Gewässerbelastung ist der Steinkrebs empfindlicher als die anderen heimischen Arten. Wie diese ist er nicht resistent gegenüber der Krebspest.

Größe: meist bis 9, max. 12 cm.
Merkmale: Ein Paar Außenleisten. Graugrün bis hellbraun, teils leicht marmoriert. Außenscheren abgerundet. Scherenunterseite hell, nie rotbraun. Keine Dornen im Bereich der Nackenfurche,
Vorkommen: Kühlere, saubere fließende und stehende Gewässer. Fleckenhafte Vorkommen, die einzelnen Populationen leben relativ isoliert. In Nordrhein-Westfalen, wo er von Natur aus heimisch ist, sind nur noch drei kleine Vorkommen bekannt und die Art vom Aussterben bedroht. In Sachsen wurde er 2008 in Nebenflüssen der Elbe nachgewiesen. Häufiger kommt er noch in der Südhälfte Deutschlands vor, besonders in Südbayern und im Bayrischen Wald sowie im Alpenraum.

Er mag es kühl
Dieser kleinste europäische Flusskrebs hatte nie nennenswerte wirtschaftliche Bedeutung. Handel und Besatz fanden daher kaum statt, weshalb seine aktuellen Fundorte noch als weitgehend natürlich gelten.

Galizischer Krebs, Sumpfkrebs
Astacus leptodactylus

Diese große, meist auch tagaktive Art ist gegenüber geringeren Sauerstoffkonzentrationen und höheren Temperaturen (bis 26 °C) etwas unempfindlicher als der Edelkrebs. Zudem verträgt der Galizische Krebs Schlammgrund und kann sich in schlammige Ufer, die er gerne besiedelt, eingraben. Seine vereinzelten Vorkommen in Deutschland beruhen auf Besatz, so zum Beispiel in Bayern. Doch ist er auf diese Weise unter anderem schon bis nach Nordrhein-Westfalen vorgedrungen. Entgegen früher verbreitetem Glauben ist er nicht resistent gegen die Krebspest. In der Türkei z. B. gab es sehr große Bestände, die etwa ab 1984 durch diesen Erreger stark dezimiert wurden.

Ost-Importe
Nachdem fast die gesamten Edelkrebs-Bestände im 19. Jahrhundert der Krebspest zum Opfer gefallen sind, suchte der Speisekrebshandel nach Ersatz und importierte den Galizier vor allem aus Russland.

Größe: bis 20 cm, Gewicht bis etwa 250 g
Merkmale: Zwei Paar Augenleisten. Körperfärbung hellbeige bis graubraun. Scheren größerer Männchen auffällig lang gestreckt, Scherenfinger beider Geschlechter schmal und gerade, nicht eingebuchtet. Scherenunterseiten hell gelblich-bräunlich, nie rot. Hinter der Nackenfurche ausgeprägte, deutlich sichtbare Dornen.
Vorkommen: Langsam fließende und stehende Gewässer wie Altarme, Teiche, Kiesgruben und Seen. Das ursprüngliche Verbreitungsgebiet reicht von Vorderasien bis zur Oder und südlich bis zum österreichisch-ungarischen Grenzgebiet. Als westlichste natürliche Verbreitungsgrenze gelten die Donaualtwässer im östlichen Niederösterreich bis Ost-Wien.

Amerikanischer Flusskrebs, Kamberkrebs
Orconectes limosus

Robuster Ersatz
Im Jahre 1890 hatte Max von dem Borne, der sich mit Fischzucht beschäftigte, wohl 100 Exemplare aus Pennsylvania importiert und versuchsweise im Bereich der Oder in Teichen der Neumark ausgesetzt. Er wollte einen Ersatz finden für den durch die Krebspest stark dezimierten Edelkrebs.
Der Kamberkrebs ist Überträger der Krebspest, selber jedoch dagegen immun. Zudem ist er sehr wanderfreudig, besitzt eine hohe Reproduktionsrate und stellt an seine Wohngewässer nur geringe Ansprüche: Er ist sehr tolerant gegenüber Abwasserbelastung und benötigt keine reich strukturierten, Unterschlupf bietenden Uferbereiche. Er überlebt selbst in verschmutzten Kanälen und ausgebauten Gräben. Zudem wurde er durch Menschen auch in ansonsten schwer erreichbare Gewässer weiter verbreitet. So bildet er heute in zahlreichen Gebieten große, zusammenhängende Bestände.

Größe: bis 13 cm
Merkmale: Ein Paar Augenleisten. Graubraun bis gelblich-bräunlich. Rostbraune Querstreifen auf der Schwanzoberseite. Gut sichtbare Dornen vor und hinter der Nackenfurche. Äußerste Scherenspitzen orange. Scherenunterseiten hell, nie rot oder schmutzig braun.
Vorkommen: Zahlreiche stehende und fließende Gewässer. Ursprüngliche Heimat ist Nordamerika. Heute ist er nicht nur in Deutschland der häufigste, sondern auch in Mitteleuropa der am weitesten verbreitete Flusskrebs.

Tipp für Taucher
Der Kamberkrebs meidet kühlere ebenso wie kleinere, schneller fließende Gewässer. Er gräbt keine Wohnhöhlen und fühlt sich auch auf schlammigen Gewässerböden wohl. Er ist tagsüber aktiv und frei umherstreifend anzutreffen. Auch deshalb wird er wesentlich häufiger gesichtet als andere Krebse.

Kalikokrebs
Orconectes immunis

Nach Europa kam der Kalikokrebs möglicherweise über den Aquarienhandel oder als lebender Angelköder. Der erste Nachweis war im Jahr 1997 in der Rheinebene, in einem Kanal bei Karlsruhe. Sieben Jahre später besiedelte er in der Oberrheinebene bereits eine fast 100 Kilometer lange Strecke. Die Tiere paaren sich vom Spätsommer bis ins Frühjahr. Die Weibchen legen bis etwa 500 Eier und verbringen den Winter meist in ihren Wohngängen. Die Jungkrebse schlüpfen ab April bis Mai, wachsen schnell heran und können bereits nach etwa 4 Monaten, am Ende ihres ersten Sommers, die Geschlechtsreife erreichen. Wohl auch durch sein rasches Wachstum kann er andere Krebse verdrängen, wie z. B. im Rhein den Kamberkrebs. Vermutlich ist er Überträger der Krebspest. Da er auch abgelegene Kleingewässer besiedelt, kann er dort lebende Restbestände des Edelkrebses bedrohen.

Wanderfreudig
Der Kalikokrebs kann längere Strecken an Land zurücklegen und so auch isolierte oder künstlich angelegte Gewässer wie Fischteiche, Kiesgruben und Gräben erreichen. Daher stellt er auch für Restbestände des Edelkrebses in abgelegenen Kleingewässern eine Bedrohung dar.

Größe: 9 cm
Merkmale: Haarbüschel an der Innenseite der Scheren. Scherenspitzen rötlich. Schwanzoberseite oft mit Rautenmuster. Es gibt auch rein blaue Exemplare.
Vorkommen: Die Heimat ist Nordamerika (Colorado, USA bis Manitoba, Kanada). Besiedelt dort pflanzenreiche, weichgründige, langsam fließende und stehende Gewässer. Bei uns in Wassergräben, Wald- und Wiesenbächen, Nebenarmen größerer Flüsse wie dem Rhein, auch in Baggerseen und Kiesgruben.

Yabby
Cherax destructor

Der Yabby besiedelt in seiner Heimat eine Vielzahl von Gewässern, darunter auch Sümpfe, aufgestaute und abgesperrte Gewässer sowie saisonal trocken fallende Gewässer. Trockenperioden übersteht er mehrere Jahre, indem er sich tief in den Gewässerboden eingräbt. Als Yabby werden in Australien noch weitere Krebsarten bezeichnet, sodass mit dem Populärnamen Verwechslungsgefahr besteht.
Die Geschlechtsreife setzt im Alter von 6 Monaten ein, die Lebenserwartung wird mit 4-8 Jahren angegeben. Wie bei anderen Krebsen trägt das Weibchen die Eier bis zum Schlüpfen der Larven unter dem Hinterleib mit sich herum. Bei verschiedenen Einzelfunden des Yabby, zum Beispiel in süddeutschen Gewässern, dürfte es sich um ausgesetzte Aquarientiere handeln. Ob sie stabile Populationen bilden können, ist unbekannt.

Größe: 25, max. 30 cm
Merkmale: Färbung sehr variabel: schwarz, schwarzbraun, blauschwarz, dunkelbraun, hellbraun, grünbraun, grünlichblau. Besonders auch in reinem Blau ist diese Art ein beliebtes Aquarientier.
Vorkommen: Bäche, Flüsse und stehende Gewässer. In seiner ursprünglichen Heimat Australien ist der Yabby der von Natur aus am weitesten verbreitete Flusskrebs. Durch Besatz ist er zudem auch in den Westen des Landes vorgedrungen und dort zur Bedrohung heimischer Arten geworden.

Signalkrebs
Pacifastacus leniusculus

Rasch konnte sich der Signalkrebs in zahlreichen europäischen Gewässern etablieren, zumal er auch längere Strecken an Land zurücklegen und so neue Gewässer erreichen kann. Als Überträger der Krebspest vernichtete er vielerorts Restbestände der heimischen Flusskrebse wie den Edelkrebs. Gegenüber höheren Temperaturen ist der Signalkrebs toleranter, gegenüber Sauerstoffmangel jedoch empfindlicher als der Edelkrebs. Wie dieser kann er unter Steinen oder zwischen Wurzeln Wohnhöhlen anlegen. Er paart sich von Oktober bis November. Körperlich und in seiner Lebensweise ähnelt er dem Steinkrebs. Er wird jedoch nur 7 bis 10 Jahre alt, wächst rascher, hat eine höhere Vermehrungsrate und ist deutlich aggressiver. So ist er fähig, zum Beispiel den Edelkrebs auch ohne Übertragung der Krebspest zu verdrängen.

Größe: Männchen 17 cm (über 200 g), Weibchen 12 cm (80 g)
Merkmale: Zwei Paar Augendornen. Rötliche bis schmutzig braune Scherenunterseiten. Keine Dornen im Bereich der Nackenfurche, auffällig glatter Panzer. Hell- bis dunkelbraun, oft mit olivem Schimmer. Meist weißer bis blasstürkiser Fleck am Scherengelenk.
Vorkommen: Stehende und fließende Gewässer. Ursprüngliche Heimat des Signalkrebses ist der Westen der USA zwischen Pazifikküste und den Rocky Mountains.

Wissenswert
Als Ersatz für die nahezu ausgestorbenen Edelkrebse wurde der Signalkrebs Ende der 1960er-Jahre mit zigtausend Exemplaren nach Schweden eingeführt und in Dutzenden Seen ausgesetzt. Da er ein schmackhafter Speisekrebs ist, folgten weitere größere Besatzmaßnahmen, z. B. in Österreich, Schweiz, Bayern, vielen weiteren Ländern Europas und auch in Japan.

Roter Amerikanischer Sumpfkrebs
Procambarus clarkii

Wegen seiner intensiven Färbung wird diese Art gerne in Aquarien und Gartenteichen gehalten (im Handel auch als Floridahummer oder Teichhummer angeboten). Er besitzt eine sehr hohe Vermehrungsrate, ist robust und widerstandsfähig. Längeres Trockenfallen eines Gewässers übersteht er, indem er sich bis etwa 6 Meter Tiefe in den Boden eingräbt. Er kann längere Strecken an Land zurücklegen und so neue Gewässer besiedeln. So hat er sich rasch ausgebreitet und als Überträger der Krebspest, gegen die er selber resistent ist, in Portugal, Spanien und Frankreich die heimischen Flusskrebs-Bestände bereits stark dezimiert. Entgegen früherer Annahme pflanzt er sich im mitteleuropäischen Klima fort. Er drang sogar weiter nordwärts vor und hat sich Anfang der 1990er-Jahre mit selbst erhaltenden Beständen in der Schweiz und in Süddeutschland etabliert. Seit Kurzem sind sogar in Nordrhein-Westfalen einige Populationen bekannt, weshalb in Zukunft mit einer weiteren Ausbreitung gerechnet wird.

Größe: 15 cm
Merkmale: Ein Paar Augenleisten. Rötlich, braunrot oder schwarzrot; Jungtiere grünlich. Scheren mit auffälligen, oft leuchtend roten Höckern, Scherenunterseiten stets rötlich bis rotbraun. Körper relativ schlank. Im Handel werden auch blaue Exemplare angeboten.
Vorkommen: Bevorzugt stehende Gewässer. Ursprüngliche Heimat dieser Art ist der Süden der USA, besonders das Mississippi-Delta (daher auch „Louisiana-Krebs" genannt). Bei uns heute beispielsweise aus Elbe, Rhein, Donau und verschiedenen Seen bekannt; auch tagsüber zu beobachten.

Marmorkrebs
Procambarus sp.

Als Überträger der Krebspest stellt der Marmorkrebs eine Gefahr für heimische Krebse dar. Der Marmorkrebs stammt vermutlich aus dem Süden der USA, wo auch die nächst verwandte Art, *Procambarus fallax*, heimisch ist. Bemerkenswert ist seine Fortpflanzung über Jungfernzeugung (Parthenogenese), wobei Nachkommen aus unbefruchteten Eizellen entstehen. Es werden ausschließlich weibliche Tiere gefunden. Wie andere Flusskrebse tragen sie die Eier eine Zeitlang an der Schwanzunterseite mit sich. Die Jungkrebse schlüpfen je nach Wassertemperatur nach etwa 3 bis 6 Wochen und sind dann etwa 4 mm lang. Sie sind ausgesprochen schnellwüchsig und können schon nach 2 Monaten 4 cm Länge und nach weiteren 2 Monaten Geschlechtsreife erreichen.

Größe: 13 cm
Merkmale: Ein Paar Augenleisten. Dunkelbraun, grünlich oder bläulich marmoriert. Scheren relativ klein, Scherenunterseiten nie rot. Im Bereich der Nackenfurche keine Dornen.
Vorkommen: Bevorzugt stehende Gewässer.

Wissenswertes
Ein Artname für den Marmorkrebs ist wissenschaftlich noch nicht festgelegt.

Aus dem Aquarium in die Freiheit
Der Marmorkrebs ist ein beliebtes Aquarientier und in dieser Eigenschaft weltweitverbreitet. Immer wieder werden im Zoohandel gekaufte Tiere, vor allem wenn sie beim Heranwachsen für das Aquarium zu groß werden, in heimische Gewässer ausgesetzt. So gelangte er in Mitteleuropa vielerorts in freie Gewässer, wo er frei lebende, dauerhafte Bestände bilden kann. Auch in Deutschland wurde er an verschiedenen Stellen gefunden.

Gut behütet: Die Weibchen tragen die Eier unter dem Hinterleib mit sich herum – beim Edelkrebs ein halbes Jahr lang, bis die Brut schlüpft. Durch Einschlagen des Hinterleibes bilden sie eine Art Bruttasche, in der die Eier gut geschützt sind.

Befreiungsschlag: Bei Gefahr katapultieren sich Flusskrebse durch kräftiges Einschlagen des Schwanzfächers unter den Hinterleib mit einem großen Satz rückwärts davon. Sie ermüden dabei jedoch schon nach wenigen Schlägen.

Harnisch-Wechsel: Krebse häuten sich in Abständen, da ihr Panzer nicht mitwächst. Hat sich der Krebs aus der alten Hülle (siehe Foto) heraus gewunden, macht er einen Wachstumsschub, solange der neue Panzer noch weich und sehr dehnbar ist.

Liebesspiel: Bei der Paarung benutzt das Männchen seine Scheren, um das Weibchen auf den Rücken zu drehen. Dann heftet es ein kleines Samenpaket nahe der Geschlechtsöffnung fest. Die Befruchtung erfolgt erst später, wenn das Weibchen die Eier dazulegt.

Wollhandkrabbe
Eriocheir sinensis

Wollhandkrabben finden Unterschlupf in selbst angelegten Höhlen, unter Steinen und in Weichböden.

Völkerwanderung zum Meer
Im Sommer wandern die Tiere flussabwärts zum Meer, was Monate dauern kann. Die Männchen erreichen als Erste die brackigen Mündungsbereiche und warten dort auf eintreffende Weibchen. Die Weibchen ziehen nach der Paarung ein Stück weiter ins Meer, wo sie den Winter verbringen, während sie die Eier unter dem Hinterleib mit sich herumtragen. Im Frühjahr kehren sie zurück in den Tidenbereich der Flüsse. Die Larven schlüpfen und die Muttertiere sterben fast alle. Die Jungtiere wandern in meist großer Zahl flussaufwärts. Hindernisse, wie z. B. Wehre können sie problemlos an Land umgehen. Sie dringen auch in Nebengewässer ein und wurden schon weit flussaufwärts bei Dresden, Prag und Basel gefunden. Nach 4-5 Jahren werden sie geschlechtsreif und nehmen zur Fortpflanzung an der Wanderung stromabwärts teil.

Größe: 8 cm (Breite Rückenpanzer)
Merkmale: Rückenpanzer mit je vier kräftigen Sägezähnen an den Vorderseiten. Scheren bei Männchen (Bild oben) kräftiger als bei Weibchen (Bild unten) und mit besonders dichtem „Wollpelz".
Vorkommen: Ursprünglich aus Ostchina stammend wurde die Art Anfang des 20. Jahrhunderts nach Deutschland eingeschleppt und erstmals 1912 in der Aller, die bei Bremen in die Weser mündet, nachgewiesen. Sie breitete sich schnell aus und bewohnt heute alle ins Meer mündenden Flüsse. Sie kommt auch in Frankreich, Südskandinavien und Ostengland vor.

Wissenswert
Wollhandkrabben haben kaum natürliche Feinde und werden wegen ihrer invasionsartigen Ausbreitung als Bedrohung für heimische Arten betrachtet, mit denen sie als Allesfresser in Nahrungskonkurrenz treten.

Spitz-Schlammschnecke
Lymnaea stagnalis

Die Spitz-Schlammschnecke gehört zu den Wasserlungenschnecken, muss also zum Atmen an die Oberfläche kommen. Dort füllt sie ihre Mantelhöhle mit Luft. Einen Teil ihres Sauerstoffbedarfs kann sie jedoch auch über Hautatmung abdecken. In Mitteleuropa ist sie die größte Art ihrer Gruppe und zählt zu den größten unserer heimischen Gehäuseschnecken überhaupt. Die Spitz-Schlammschnecke weidet vor allem Algenaufwuchs ab, daneben auch Detritus. Sie frisst zudem weichere Pflanzenteile ab und verschmäht auch Aas nicht. Gelegentlich kann sie auch dabei beobachtet werden, wie sie „kopfüber" unter der Wasseroberfläche entlanggleitet. Hier weidet sie den Biofilm aus Mikroorganismen und organischen Partikeln ab. Dieser gemeinhin oft auch als Kahmhaut bezeichnete Film bildet sich an der Grenzfläche von Wasser und Luft und dient auch anderen Organismen als Nahrung.

Größe: 4,5 cm, max. 7 cm
Merkmale: Gehäuse dünnschalig und hornfarben. Gewinde lang und spitz zulaufend, Körperumgang blasig aufgetrieben.
Vorkommen: Pflanzenreiche stehende Gewässer wie Teiche, Tümpel und Seen, teils auch in Stillwasserzonen von Flüssen. Ganz Europa; evtl. sind die Varietäten in Form und Größe eigenständige Arten.

Wissenswert
Die Schlammschnecke auf dem unteren Foto war eine von über einem halben Dutzend auf einem knapp 2 qm großen Areal. Alle Schnecken waren dabei, ihre Laichschnüre an Wasserpflanzen abzulegen. Die Aufnahme entstand Ende Mai. Aus den Eiern schlüpfen nach rund 2 Wochen fertig entwickelte Jungtiere. Sie können bis etwa 4 Jahre alt werden.

Spitze Sumpfdeckelschnecke
Viviparus contectus

Die meisten heimischen Süßwasserschnecken sind Lungenschnecken (*Pulmonata*). Anders diese Art: Sie zählt zu den Vorderkiemern (*Prosobranchia*), atmet also über Kiemen und braucht zum Atmen nicht an die Wasseroberfläche zu kommen. Sie besitzt einen harten, am Fuß festgewachsenen Deckel (*Operculum*), der die Gehäuseöffnung verschließt, wenn sich die Schnecke komplett darin zurückgezogen hat. Die Tiere sind getrenntgeschlechtlich.

Größe: 4 cm
Merkmale: Gehäuse glänzend, gelblicholiv bis dunkebraun mit drei meist rotbraunen Bändern.
Vorkommen: Stehende und langsam fließende, pflanzenreiche Gewässer.

Wissenswert

Diese Art und die eng verwandte Flussdeckelschnecke legen im Gegensatz zu allen anderen bei uns heimischen Land- und Wasserschnecken keine Eier, sondern gebären 10 mm große, fertig entwickelte Jungschnecken („viviparus" bedeutet lebendgebärend).

Eiförmige Schlammschnecke
Radix balthica

Diese sehr anpassungsfähige Art ist in vielen Lebensräumen und oftmals zahlreich anzutreffen. Sie weidet Algen- und Bakterienrasen von verschiedenen Oberflächen ab. Die Tiere sind Zwitter, jedoch mit getrennten männlichen und weiblichen Geschlechtsöffnungen. Die Eiablage erfolgt ab März in Form von gallertigen Schnüren. Aus den Eiern schlüpfen fertige Jungschnecken. Obwohl die Schlammschnecke vor allem unter Wasser lebt, ist sie ein Lungenatmer und muss zum Luftholen an die Wasseroberfläche.

Größe: bis 2,5 cm
Merkmale: Dünnschaliges, eiförmiges Gehäuse. Kurzes Gewinde, letzter Umgang sehr groß.
Vorkommen: Zahlreiche Gewässertypen, z. B. Seen, langsame Bereiche von Fließgewässer, Altarme. In fast ganz Europa. Die Art war früher als *R. ovata* bekannt.

Wissenswert
Diese Schnecke kann mit Hilfe ihrer Mantelmuskulatur tarieren. Bei Ausdehnung steigt sie durch das größer werdende Luftvolumen zur Oberfläche auf. Bei Gefahr stößt sie blitzschnell durch Kontraktion Atemluft aus und trudelt wie ein Stein nach unten.

Gemeine Teichmuschel, Entenmuschel
Anodonta anatina

Aus dem Atemwasser gefiltertes Plankton und organische Schwebstoffe dienen Muscheln als Nahrung. Nach der Befruchtung der Eier im Spätsommer sind die Larven der Entenmuschel bis zum Herbst herangewachsen und bleiben den Winter über im Kiemenraum des Elterntieres. Im Frühjahr werden sie ins Wasser entlassen und leben zunächst parasitisch auf der Haut oder in den Kiemen von Fischen. Mögliche Wirte sind z. B. Flussbarsch, Schleie, Hasel, Moderlieschen, Gründling, Rotauge, Döbel oder Güster.

Größe: 15 cm
Merkmale: Schalenklappen sehr dick (bis doppelt so schwer wie bei *A. cygnea*). Innenseite des vorderen Unterrandes wulstig verdickt.
Vorkommen: Stehende und langsam fließende Gewässer mit sandig-schlammigen Grund; meist in geringen Tiefen. Europa bis Südskandinavien, östlich bis Nordasien.

Wissenswert
In Abhängigkeit von den Temperaturen ihrer Wohngewässer können die Muscheln 5 bis 15 Jahre alt werden.

Große Teichmuschel
Anodonta cygnea

Die Große Teichmuschel verträgt Nährstoffbelastungen besser als die Gemeine Teichmuschel und siedelt wie diese auf weichen, schlammigen Böden. Die Eier werden im Spätsommer befruchtet, die Larven reifen im Herbst, überwintern jedoch im Kiemenraum des Elterntieres, bis sie im nächsten Frühjahr ins Wasser entlassen werden. Die Larven durchlaufen ebenfalls ein parasitisches Stadium, wobei als Wirtsfische zum Beispiel Flussbarsch, Hasel, Hecht und Rotfeder infrage kommen. Die Muscheln können über 10 Jahre alt werden.

Größe: Schalenklappe bis 20 cm lang
Merkmale: Gelblich-grünlich mit dunklen, konzentrischen Ringen. Schalenklappen dünnwandig, Innenseite und Unterseite des vorderen Unterrandes nicht wulstig verdickt.
Vorkommen: Stehende und langsam fließende Gewässer. Mittel- und Nordeuropa ohne Finnland, südöstlich bis Griechenland und Kaukasus.

Flussperlmuschel
Margaritifera margaritifera

Zur Laichzeit im August gelangen beim Weibchen die Eier aus den Keimdrüsen in die Kiemen. Von Männchen ins Wasser abgegebene Spermien werden von den Weibchen mit dem Atemwasser eingestrudelt und befruchten die Eier. Das Weibchen betreibt Brutpflege, denn die Eier verbleiben bis zum Schlüpfen der etwa 4 Millionen Larven in ihren Kiemen. Die nur 0,07 mm großen Larven werden im Spätsommer ins freie Wasser entlassen und müssen dann von einer Bachforelle oder einem Lachs „eingeatmet" werden. In den Kiemen von Regenbogenforelle, Elritze oder Koppe, gehen die Larven dagegen innerhalb von Stunden ein. In den Kiemen der Bachforelle wachsen die parasitisch lebenden Larven heran und verlassen ihren Wirt als 0,5 mm große Jungmuschel. Mit 15 bis 20 Jahren werden sie geschlechtsreif und bleiben es etwa 70 Jahre lang, in denen ein Weibchen im Schnitt 200 Millionen Nachkommen produziert. In unseren Breiten können Flussperlmuscheln etwa 150 Jahre alt werden, weiter nördlich möglicherweise bis über 250 Jahre.

Größe: bis 16 cm lang
Merkmale: Längliche, schlanke Schale. Wirbel wenig hervortretend und meist mit stark zerfressener Oberfläche. Außen schwärzlich, innen mit Perlmuttschicht.
Vorkommen: Schnelle Fließgewässer von hoher Wasserqualität, nährstoff- und kalkarm, mit sandig-kiesigem Untergrund. Fast die gesamte Nordhemisphäre hoch bis zum Polarkreis.

Wissenswert
Bis vor gut 100 Jahren kam diese Art bei uns gebietsweise in heute unvorstellbaren Mengen vor. Manche Fließgewässer waren auf zig Kilometern Länge „gepflastert" mit ihnen: Bis zu 1000 Flussperlmuscheln pro qm sollen nicht selten gewesen sein. Heute existieren nur noch inselartige Restbestände. Die Gründe: Gewässerverschmutzung und -ausbau sowie Nährstoffbelastung durch Nitrat, vor allem aus der Landwirtschaft.

Dreikantmuschel, Wandermuschel
Dreissena polymorpha

Mit einer speziellen Drüse spinnt die Dreikantmuschel hornartig erstarrende Faserbündel (Byssusfäden), mit denen sie sich sehr fest an stabilen Untergrund heftet, etwa an Steine, Holz, Pfähle und größere Muscheln. Dreikantmuscheln bilden gelegentlich echte Muschelbänke.

Größe: 4 cm
Merkmale: Gelblich mit braunen, oft zickzackförmigen Bändern. Hinten rundlich, vorne zugespitzt und im Profil dreieckig.
Vorkommen: Stehende und fließende Gewässer. Ursprünglich aus dem Gebiet Kaspisches Meer, Schwarzes Meer und Ural. Die Art breitete sich vor fast 200 Jahren nach Westen aus und kommt heute in ganz West- und Nordeuropa vor.

Unterschiedliche Wirkung
Ökologisch werden diese relativ alten, bereits in die heimische Fauna integrierten, aber konkurrenzstarken „Neubürger" zwiespältig betrachtet. Sie sind Nahrungskonkurrenten für heimische Großmuscheln. Zudem behindern sie deren Wachstum und Fortbewegung, wenn sie auf ihren Schalen siedeln (siehe Bild S. 58). Neben einigen Fischarten wie Karpfen und Rotauge haben besonders auch Wasservögel die Dreikantmuschel als neue Nahrungsquelle entdeckt. An manchen Gewässern konnten sich dadurch die Bestände von Wasservögeln deutlich vergrößern. Sind die Muscheln sehr zahlreich, tragen sie nicht selten mit ihrer enormen Filterleistung zu einer Verbesserung der Wasserqualität bei; durch ihren intensiven Verzehr von Phytoplankton erhöhen sie die Klarheit des Gewässers.

Kleintier macht fette Beute

In der Regel sind Wirbellose Futter für Fische und andere Wirbeltiere. Doch keine Regel ohne Ausnahmen: Manche Wirbellose erbeuten auch Fische und Amphibien. Sehr aktive Räuber sind zum Beispiel Stabwanze, Rückenschwimmer, Libellenlarven oder der Gelbrandkäfer und seine Larve. Sie besitzen die dafür notwendigen Jagdstrategien, Fangtechniken und Mundwerkzeuge. Eher als Aasfresser sind dagegen Flusskrebse bekannt.

Fangschlag: Zwischen Pflanzen lauernd, hat diese Großlibellenlarve ein junges Moderlieschen erbeutet. Gegen den blitzschnellen Schlag ihrer Fangmaske hatte der Fisch keine Chance (links oben).

Schwäche ausgenutzt: Dieser Hasel muss krank sein, denn er blieb noch am Grund liegen, als ein Gelbrandkäfer abtauchte, sich auf seinen Nacken setzte, ein Stückchen Fleisch rausschnitt und sich damit davonmachte (rechts oben).

Gesundheitspolizei: Krebse fressen gerne auch Aas und erfüllen damit eine wichtige Funktion im Gewässerökosystem. Diese Wollhandkrabbe hat einen toten Fisch und damit eine reiche Nahrungsquelle entdeckt (rechts Mitte).

Ausgesaugt: Wie sie mit ihren dolchartigen Mundwerkzeugen eine Frosch-Kaulquappe im Würgegriff hält und aussaugt, erinnert die gefräßige Gelbrandkäfer-Larve an ein Alien (unten).

Amphibien & Reptilien

Bergmolch
Triturus alpestris

Die Winterpause verbringen Bergmolche in Kältestarre, verborgen im Erdboden oder unter großen Steinen. Meist ab März wandern sie zu ihren Laichgewässern wie Waldtümpel, Teiche, Seen, Bäche. Hier ernähren sie sich von Würmern, Kleinkrebsen, Insekten, Laich und Kaulquappen anderer Amphibien. Zu ihren Fressfeinden gehören verschiedene Fische, besonders Forellen, zudem Enten und die Ringelnatter.
Nach der Paarung heftet das Weibchen bis zu 250 Eier einzeln an Blätter von Wasserpflanzen. Nach 14 bis 28 Tagen schlüpfen aus den Eiern die jungen Kaulquappen, die bis etwa 5 cm Länge erreichen. Sie ernähren sich anfangs von winzigen Algen, später von Kleinsttieren wie Flohkrebse oder Wasserasseln. An Land fressen Bergmolche zum Beispiel Regenwürmer und Käfer. Sie selbst dienen Kleinsäugern wie Igel und Spitzmaus und manchen Vögeln als Nahrung.

Größe: 12 cm
Merkmale: Paarungskleid des Männchens: hellblaue Oberseite, seitlich ein helles, schwarz gepunktetes Längsband; nicht gezackter, flacher, gelblicher Rückenkamm mit schwarzen Tupfen; Bauchseite leuchtend orange. Ruhekleid: beim Männchen Oberseite grau bis schwärzlich, beim Weibchen gräulich-bräunlich marmoriert; Bauchseite bei beiden orange, weniger intensiv als zur Laichzeit.
Vorkommen: Mitteleuropa von Nordfrankreich über Alpenländer bis Griechenland; verschiedene Unterarten. In Süd- und Mitteldeutschland weitverbreitet, in der Nordwestdeutschen Tiefebene nur vereinzelt, fehlt im Nordosten.

Teichmolch
Triturus vulgaris

Meist ab März kommt der Teichmolch an seine Laichgewässer, in denen er tag- und nachtaktiv ist und bleibt bis Juli. Das Weibchen legt zwischen März und Mai die Eier und befestigt sie einzeln meist an Unterwasserpflanzen. Die Kaulquappen schlüpfen nach ein bis drei Wochen, erreichen innerhalb von zwei bis drei Monaten etwa 4 cm Länge und beginnen dann mit der Metamorphose. Im Wasser ernährt sich der Teichmolch von Kleintieren wie Insektenlarven, Wasserflöhen sowie Laich und Larven von Amphibien, auch der eigenen Art.

Größe: 11 cm
Merkmale: Männchen zur Laichzeit mit gezacktem Kamm auf Rücken und Schwanz. Gelbbraun bis schwarzgrau, Männchen mit auffällig großen dunklen Flecken, Weibchen mit Sprenkelmuster.
Vorkommen: Mit mehreren Unterarten in fast ganz Europa verbreitet außer im hohen Norden.

Wissenswert

Der Teichmolch ist in Deutschland der häufigste Schwanzlurch und überall verbreitet. Er ist anpassungsfähig und bewohnt zahlreiche Land- und Wasser-Lebensräume. An Land frisst er kleine Insekten, Schnecken und Würmer.

Fadenmolch
Triturus helveticus

Der Fadenmolch ernährt sich im Wasser von Kleintieren wie Insektenlarven und Wasserasseln sowie von Eiern und Larven anderer Amphibien, auch der eigenen Art. Das Weibchen legt in der Laichsaison bis 450 Eier, die es einzeln an die Blätter von Unterwasserpflanzen heftet. Die Kaulquappen werden bis 4, max. 6 cm lang und sind äußerlich nicht von denen des Teichmolches zu unterscheiden. Je nach Temperatur verlassen sie nach der Metamorphose das Gewässer zwischen Juli und November.

Größe: Männchen 8,5 cm, Weibchen 9,5 cm
Merkmale: Oberseite blass- bis dunkelbraun mit teils undeutlicher, dunkler Fleckung; zu den Flanken hin heller. Unterseite cremeweiß bis blass gelblich, Kehle typischerweise ungefleckt (im Gegensatz zum Teichmolch).
Vorkommen: Der Fadenmolch besiedelt von März bis in den Sommer langsam fließende und stehende Gewässer, wie Gräben, Bäche, Waldweiher, Tümpel und Seen. In Deutschland hauptsächlich im Westen, östlich bis Harz und Erzgebirge.

Gelbbauchunke
Bombina variegata

Die tag- und nachtaktiven, stark an Gewässer gebundenen Tiere kommen auch in ebenen Lagen vor, meist jedoch in Hügel- und Bergland von 200 bis 700 Meter, max. 1900 m (daher auch „Bergunken"). Sie finden Unterschlupf unter Steinen, Totholz oder zwischen Felsspalten und überwintern eingegraben im Boden. Zur Laichzeit (April-August) suchen sie seichte, vegetationsarme Gewässer auf. Das Weibchen legt kleine Laichklumpen (bis zu 30 Eier) u. a. an Pflanzen und Laub. Die Kaulquappen schlüpfen nach 2-3 Tagen.

Größe: 5 cm
Merkmale: Oberseite lehmgelb bis graubraun oder olivbraun. Unterseite hell- bis dunkelgrau mit gelber, flächenmäßig meist überwiegender Fleckung. Pupille herzförmig.
Vorkommen: Bevorzugt Klein- und Kleinstgewässer.
Verbreitung: Von Frankreich und Belgien bis zum Balkan und Griechenland. In Deutschland nördlich bis Weserbergland, Harz und Thüringen.

Wissenswert
Bei Gefahr präsentieren Gelbbauchunken genau wie Rotbauchunken (siehe dort) in „Kahnstellung" ihre unterseitige Warnfärbung.

Rotbauchunke
Bombina bombina

Da diese Art nur selten Höhenlagen über 200 Meter bewohnt, sondern vor allem Ebenen, wird sie auch Tieflandunke genannt. Die tag- und nachtaktiven Tiere sind eng ans Wasser gebunden. Rotbauchunken fressen Insekten, deren Larven, Schnecken und Würmer. Sie überwintern nahe ihrer Laichgewässer meist in Erdhöhlen oder unter Totholz. Zum April kommen sie wieder hervor und haben etwa bis Juni Balzzeit. Das Weibchen legt bis etwa 300 Eier in kleinen Laichklumpen (je etwa 30 Eier) an Unterwasserpflanzen ab. Die Kaulquappen werden gut 5 cm lang.

Größe: 5 cm
Merkmale: Oberseite graubraun, Unterseite orangerot und dunkel gefleckt.
Vorkommen: Flache Kleingewässer mit Unterwasserpflanzen, auch Uferbereiche größerer Seen.
Verbreitung: Südosteuropa, nördlich bis Dänemark, Ostdeutschland und Polen.

Wissenswert
Fühlen sich Rotbauchunken bedroht, machen sie ein Hohlkreuz und biegen alle vier Beine hoch („Kahnstellung" oder „Unkenreflex"), sodass ihre unterseitige Warnfärbung sichtbar wird.

Erdkröte
Bufo bufo

Die Erdkröte ist unsere häufigste Amphibienart und im Wesentlichen dämmerungs- und nachtaktiv. Als Tagverstecke dienen selbst gegrabene Erdlöcher, hohl liegende Steine, Gebüsch oder Totholz. Sie ernähren sich vor allem von Insekten, Spinnen, Würmern und Schnecken. Zur Paarung klammert sich das Männchen huckepack auf dem Rücken des Weibchens fest. In dieser Stellung schwimmt das Paar umher. Das Weibchen legt 3-5 m lange Laichschnüre (mit 2000-8000 schwarzen, gallertigen Eiern) an Wasserpflanzen oder Ästen ab, die das Männchen gleichzeitig befruchtet. Die bis 4 cm großen Kaulquappen gehen nach ihrer Metamorphose als etwa 1 cm große Jungkröten an Land. Oft verlassen sie ihre Laichgewässer in Massen mit vielen Tausend Tieren. Daher stammt der Ausdruck „Froschregen".

Größe: Männchen 9 cm, Weibchen 12 cm.
Merkmale: Pupille waagerecht, Iris kupferfarben. Oberseite warzig, lehmfarben bis rotbraun.
Vorkommen: Zahlreiche trockene und feuchte Lebensräume, darunter Felder, Wiesen, Wälder, und als Kulturfolger auch Parks und Friedhöfe. Als Laichgewässer Bäche, Flüsse, Teiche, Weiher, Seen. Fast ganz Europa bis weit nach Russland hinein.

Gefährlicher Marsch

Erdkröten ziehen schon im zeitigen Frühjahr zu ihren Laichgewässern. Auf ihren teils massenhaften Wanderungen sterben jedes Jahr zahlreiche Kröten, wenn ihre Wanderrouten über Autostraßen führen. Stellenweise gibt es Schutzmaßnahmen, z. B. kleine Leitplanken entlang der Straße, die zu „Krötentunneln" zum Unterqueren der Straße führen.

Grasfrosch
Rana temporaria

Ein Weibchen legt bis etwa 4000 der schwarzen Eier in meist einem oder zwei großen Laichballen ab. Bei größeren Laichgruppen sind oft zahlreiche, früher nicht selten viele Hundert Laichballen dicht beieinander als große, an der Oberfläche treibende Fladen oder Matten zu sehen. Die bis 4 cm großen Kaulquappen sind zunächst schwarz und später am Rücken bräunlich und bauchseitig bleich. Bis Ende Juni haben sie sich in Jungfrösche umgewandelt und wandern dann zumeist in ihre Sommerlebensräume.

Größe: 11 cm
Merkmale: Färbung variabel, Braun-, Oliv-, Beige- und Grautöne.
Vorkommen: Zahlreiche Feuchtbiotope und Sommer-Lebensräumen an Land. Fast ganz Europa bis Westsibirien; bei uns immer noch häufig, jedoch weniger als früher.

Wissenswert
Grasfrösche paaren sich als Frühlaicher von Anfang März bis Mitte April. Sie sammeln sich in Ruf- und Balzgruppen an besonnten Flachwasserbereichen, wie Kleingewässer, Tümpel, Gräben oder überschwemmte Wiesen. Der Balzruf ist relativ leise und erinnert an ein dumpfes Knurren oder Brummen.

Moorfrosch
Rana arvalis

Moorfrösche versammeln sich zur Fortpflanzung (März-April) teils zahlreich an ihren Laichgewässern. Sie gehören zu den sogenannten Explosivlaichern, denn die Paarungsaktivitäten dauern nur wenige Tage bis etwa eine Woche, in denen ein Weibchen bis 3000 Eier legt. Die Kaulquappen erreichen bis 4,5 cm Länge. Ihre Entwicklungszeit zum Jungfrosch hängt von Temperatur und Nahrungsangebot ab und kann 6 bis 16 Wochen betragen. Nach 2 Jahren werden sie geschlechtsreif und können 4 bis 6 Jahre alt werden.

Größe: 8 cm
Merkmale: Rückenmitte oft mit hellem, dunkel gesäumten Längsstreifen. Männchen zur Paarung oft taubenblau, teils auch nur im Kehlbereich.
Vorkommen: Vor allem Kleingewässer. Hoch- und Niedermoore, Tümpel, Sumpfwiesen, Wassergräben, Fischteiche, Altwässer und Altarme, Flussauen.

Wissenswert
Der Paarungsruf der Männchen ist nicht laut und klingt wie »wuog ... wuog«, ähnlich dem Blubbern einer leeren, untergetauchten Flasche, die sich unter Entweichen der Luft mit Wasser füllt.

Springfrosch
Rana dalmatina

Kalte Frühlingsgefühle

Meist als erste Froschart, ab Mitte Februar, kommt der Springfrosch an seine Laichgewässer. Der Paarungsruf der Männchen ist leise, oft rufen sie sogar unter Wasser. Das Weibchen legt weiträumig verteilt 450 bis 1800 Eier in kugeligen Ballen ab, etwa an Äste, Pflanzenstängel, Gräser. Die Kaulquappen werden bis 6 cm lang. Nach dem Ablaichen verlassen die Weibchen die Gewässer, die Männchen wandern einige Wochen später zu ihren Sommerlebensräumen.

Größe: Weibchen 9 cm, Männchen 6,5 cm

Merkmale: Oberseite lehmfarbig bis rötlich braun, dunkelbraune Schläfenflecken. Besonders langbeinig. Großes Trommelfell bis zum hinteren Augenrand.

Vorkommen: Laichgewässer: Teiche, Stillwasserbereiche von Flüssen und Kleingewässer. Süd- und Mitteleuropa. In Deutschland im südlichen und mittleren Teil, im Norden fleckenhaft, bis Rügen.

Wissenswert

Seinen Namen verdankt der Springfrosch seiner besonderen Sprungkraft. Er schafft tatsächlich bis zwei Meter weite Fluchtsprünge.

Ochsenfrosch
Rana catesbeiana

Der sehr große und gefräßige Ochsenfrosch erbeutet auch andere Amphibien, zudem Schnecken, Insekten, Eidechsen, selbst Kleinsäuger und Küken von Wasservögeln – kurz, alles was er überwältigen kann. Sein Ruf ist sehr laut und erinnert an Rinder. In Deutschland werden die Frösche im Laichgewässer nur selten beobachtet, unter Wasser fast nie. Im Gewässer eher zu sehen sind die bis 14 cm großen, gefräßigen Kaulquappen. Temperaturabhängig kann ihre Entwicklung einige Monate bis drei Jahre dauern.

Größe: bis 20 cm
Merkmale: Sehr großes Trommelfell.
Vorkommen: Ruhige, vegetationsreiche Gewässer. Heimisch in Nordamerika, heute weltweit in vielen Ländern verbreitet. Stabile Populationen z. B. in Nordrhein-Westfalen und in Baden-Württemberg.

Wissenswert
Eingeführt für Gartenteiche und zur Froschschenkel-Produktion in Farmen, stellen entwichene oder ausgesetzte Tiere eine Gefahr für heimische Tiere dar. Durch Einsammeln wird gebietsweise versucht, Gewässer wieder ochsenfroschfrei zu bekommen.

Seefrosch
Rana ridibunda

Gemischter Chor
Der Seefrosch ist unsere größte heimische Froschart mit einer sehr engen Bindung an Gewässer. Er bewohnt Altarme, Flussauen und ruhige Abschnitte größerer Fließgewässer, größere Weiher, besonders gerne auch große, tiefe Baggerseen mit flachen Uferzonen. Grundsätzlich bevorzugt er sonnige Standorte und ist bei Tag und in der Nacht aktiv. Er lebt ganzjährig in und an Gewässern. Ältere Tiere überwintern auch dort, eingegraben im Sediment. Zur Ruf- und Paarungszeit von Ende April bis zum Juli bilden die Männchen meist größere Rufgruppen. Ihre lauten Rufe sind dann kilometerweit zu hören. Häufig gesellt sich auch der Teich- oder Wasserfrosch (*R. esculenta*) in diesen kollektiven Rufchor (Bild unten). Dieser gilt als Hybrid, als eine Kreuzung zwischen Seefrosch und Kleinem Wasserfrosch (*R. lessonae*).

Größe: 12, selten bis 16 cm (Weibchen).
Merkmale: Rücken grün, oliv oder olivbräunlich mit schwärzlichen Flecken. Graue, paarige Schallblasen. Marmorierung der Hinterschenkel grau-schwarz, ohne Gelbanteile (im Gegensatz zum Teichfrosch). Schnauze stumpf. Meist mit für Grünfrösche typischer hell- bis gelbgrüner Mittellinie auf dem Rücken.
Vorkommen: Zahlreiche stehende und langsam fließende Gewässer, bevorzugt mit reicher Unterwasser- und Ufervegetation. Niederlande und Deutschland ostwärts bis Mittelasien. In Frankreich eingeführt.

Wissenswert
Seefrosch-Weibchen legen relativ kleine Laichballen zwischen Unterwasserpflanzen ab. Die Kaulquappen werden bis gut 8 cm lang. Seefrösche fressen Würmer, Insekten, Spinnen und fast alles, was sie überwältigen können, auch Kaulquappen und Jungfrösche, die gerade ihre Metamorphose hinter sich haben. Dabei verschmähen sie auch Artgenossen nicht. Wegen dieser kannibalischen Verhaltensweise meiden junge Seefrösche die Nähe ausgewachsener Tiere und halten sich oft etwas entfernt in kleineren Gewässern wie Tümpeln oder Gräben auf.

Zuhause in zwei Welten

Zu den Amphibien, auch Lurche genannt, gehören Schwanzlurche (Molche, Salamander) und Froschlurche (Kröten, Unken, Frösche). Typisch für diese Tiere ist ein Larvenstadium im Wasser. Die Larven sind Kiemenatmer und haben einen Paddelschwanz. Bei der Umwandlung (Metamorphose) zum erwachsenen Tier werden die Kiemen zu Lungen umgebildet. Bei den Kaulquappen der Froschlurche wird auch der Schwanz resorbiert, dafür wachsen Vorder- und Hinterbeine.

Ochsenfrosch-Larve: Auch das Halten von Kaulquappen in Gartenteichen oder Aquarien trug dazu bei, dass sich diese sehr gefräßige und daher für die heimische Fauna problematische Art ausbreiten konnte (oben).

Fadenmolch-Larve: Je nach Gewässer ist die Metamorphose etwa nach 2-4 Monaten abgeschlossen. Wie beim Bergmolch überwintern auch einige Fadenmolch-Larven im Gewässer und wandeln sich dann erst im folgenden Frühjahr um (unten links).

Bergmolch-Larve: Nach der Entwicklung zum jungen Molch geht dieser an Land. Beim Bergmolch bleiben einige Exemplare zeitlebens im Wasser und behalten trotz Geschlechtsreife dauerhaft Larvenmerkmale. Dies bezeichnet man als Neotonie (Mitte rechts).

Erdkröten-Larve: Die typischen schwarzen Erdkröten-Larven schwimmen oft gesellig in dichten Schwärmen (Larvenwolken) im warmen Flachwasser. Mit Ausnahme von Hecht und Forellen werden sie wohl als Beute gemieden (unten rechts).

Ringelnatter
Natrix natris

Bei Gefahr oder Belästigung kann die Ringelnatter einen Totstell-Reflex zeigen: Sie dreht sich halb auf den Rücken, öffnet das Maul und lässt die Zunge heraushängen. Auch kann sie eine stinkende Flüssigkeit aus der Kloakendrüse ausscheiden. Zu ihren Fressfeinden gehören zum Beispiel Greifvögel, Reiher, Marder und Igel.

Von April bis Mai bilden Ringelnattern häufig Paarungsgruppen, die bis einige Dutzend Tiere umfassen können. Die Eiablage erfolgt Ende Juni bis August, wobei die Weibchen oft jedes Jahr dieselben Plätze aufsuchen. Häufig wird ein Eiablageplatz von mehreren Weibchen gemeinschaftlich genutzt. Die Eier benötigen eine Bruttemperatur zwischen 23 und 32 Grad und dürfen nicht austrocknen. Geeignet sind zum Beispiel Mist- und Komposthaufen sowie Schilf- und Laubhaufen, in denen durch Verrottungsprozesse Wärme entsteht. Nach 30 bis 80 Tagen Brutzeit schlüpfen die fertigen etwa 15 bis 20 cm langen Jungschlangen.

Größe: bis 120 cm
Merkmale: Grünlich bis olivbraun, selten grauschwarz bis schwarz. Gelbe (selten weißliche), halbmondförmige Flecken beiderseits am Hinterkopf.
Vorkommen: Bevorzugt nahe bei Gewässern wie Tümpel, Teiche, Bäche, Flüsse, Seen. Auch in Feuchtgebieten, Wiesen und Waldrändern. Weitverbreitet über Europa, Nordwestafrika und Teilen Asiens.

Wissenswert
Die Ringelnatter besitzt keine Giftzähne und ist für den Menschen harmlos. Ihr Speichel enthält ein schwaches, für den Menschen jedoch ungefährliches Gift, welches nur kleine Beutetiere zu lähmen vermag.
Ringelnattern können ausgezeichnet schwimmen und tauchen. Häufig sind sie auch im Wasser auf der Jagd. Sie ernährt sich in unserem Gebiet vorwiegend von Fröschen, Molchen und kleinen Fischen, wobei sie nur lebende Tiere erbeutet und diese im Ganzen verschlingt.

Europäische Sumpfschildkröte
Emys orbicularis

Die Tiere werden bis 100 Jahre alt, können gut schwimmen und tauchen. Sie sonnen sich ausgiebig am Gewässerrand oder auf Baumstämmen und Steinen, die aus dem Wasser ragen. Bei Gefahr tauchen sie ab und können lange unter Wasser bleiben. Zu ihrer Nahrung gehören Schnecken, Insektenlarven, Aas und Wasserpflanzen. Die Paarung erfolgt im zeitigen Frühjahr. Die Weibchen legen an trockenen Stellen bis etwa 20 Eier in selbst gegrabene Nestlöcher. Dazu legen sie auch einige Kilometer an Land zurück.

Größe: bis 20 cm Panzerlänge.
Merkmale: Dunkel mit vielen gelben Flecken und Streifen.
Vorkommen: Stehende und langsam fließende, nährstoff- und pflanzenreiche Gewässer. Mittel-, Süd- und Osteuropa. Im Verbreitungsgebiet etwa 14 Unterarten.

Wissenswert

Diese einzige in Mitteleuropa einschließlich Deutschland heimische Schildkröte ist bei uns vom Aussterben bedroht. Kleine Restpopulationen gibt es in Deutschland in Mecklenburg-Vorpommern, Brandenburg und Hessen; in Österreich in den Donauauen bei Wien.

Zier- und Schmuckschildkröten
z. B. *Trachemys*-Arten und -Unterarten

Exotische Schildkröten aus dem Handel werden ihren Käufern häufig irgendwann lästig. In falsch verstandener Tierliebe werden sie ausgesetzt. Besser, man gibt solche Tiere zurück in die Zoohandlung oder ein Tierheim. Noch besser: Vor dem Kauf gut abwägen, ob man die Verantwortung für solch langlebige Tiere (mehrere Jahrzehnte) wirklich übernehmen will.

Größe: meist bis 25 cm Panzerlänge.
Merkmale: oft attraktiv gefärbt.
Vorkommen: Ruhige, vegetationsreiche Gewässer mit weichem Grund. Heimat ist Nordamerika. Vielerorts eingeschleppt.

Wissenswert
Weltweit beliebt in Terrarien oder Teichanlagen, sind Schmuckschildkröten auch bei uns im Heimtierhandel vertreten. Meist überleben ausgesetzte Tiere unseren Winter nicht. Oder werden, wenn sie sich doch ansiedeln, zum Problem für die heimische Fauna.

Fische

Bachneunauge
Lampetra planeri

Das Bachneunauge lebt stationär. Nur zum Ablaichen schwimmt es kurze Wege zu seichten, sand- oder kiesgründigen Stellen. Das Weibchen legt meist bis etwa 1500 Eier in eine Grube, die es zuvor mit seinem Saugmaul angelegt hat. Beim Ablaichen wird ein Weibchen nicht selten von mehreren Männchen umschlungen. Nach dem Laichakt sterben die Elterntiere. Die als Querder bezeichneten Larven schlüpfen nach wenigen Tagen. Sie sind zahn- und augenlos und leben überwiegend in Schlamm oder Sand vergraben, besonders tagsüber. Sie ernähren sich von Kleinstlebewesen und Detritus. Das Querderstadium dauert drei bis fünf Jahre, also den Großteil ihres Lebens, denn Bachneunaugen werden maximal 6 Jahre alt. Im Spätsommer ihres letzten Jahres als Larven machen die Querder eine Umwandlung zum erwachsenen Tier durch. Sie fressen nicht mehr, bilden den Darm zurück, entwickeln Augen und werden geschlechtsreif. Diese Umwandlung ist erst im folgenden Frühjahr, vor Beginn der Paarung, abgeschlossen.

Verwandtschaft
Bei uns zwei weitere Arten: Flussneunauge (bis 40 cm) und das meist 50-80, selten über 100 cm lange Meerneunauge.

Größe: bis 16 cm
Merkmale: Schuppenloser, aalförmiger Körper; schleimige Haut. Kieferloses Saugmaul mit kreisrunder Mundscheibe.
Vorkommen: Bäche und kleine Flüsse. Von Frankreich bis Finnland in allen Zuflüssen von Nord- und Ostsee.

Wissenswert
Neunaugen sind weder Knochen- noch Knorpelfische. Sie bilden eine eigene, ursprüngliche Wirbeltiergruppe. Sie haben auf jeder Körperseite 7 Kiemenöffnungen, ein echtes Auge und eine Nasenöffnung: macht neun „Augen".

Tipp für Taucher
Am Grunde festgesaugt, pendeln die Tiere oft in der Strömung wie eine dicke Wasserpflanze. Bei Tag sind sie selten zu sehen, jedoch überhaupt nicht scheu und leicht zu fotografieren.

Sibirischer Stör
Acipenser baeri

Der Sibirische Stör bewohnt in seiner Heimat Flüsse vom Ober- bis zum Unterlauf. Unter natürlichen Bedingungen hat er meist ein Gewicht bis 65 kg, bei maximaler Größe etwa 200 kg. Die Männchen werden ab 17, meist zwischen 20 und 24 Jahren geschlechtsreif, die Weibchen ab 19, meist zwischen 50 und 30 Jahren. Das Höchstalter liegt bei 60 Jahren. Das Ablaichen findet bei Wassertemperaturen zwischen 9 und 18 Grad statt. Als Laichplätze dienen steinig-kiesige bis grobsandige, gut überströmte Bereiche. Zum Teil werden lange Laichwanderungen (bis 3000 km) in den Fließgewässern unternommen. In Seen wie dem Baikalsee halten sich Störe gerne zwischen 20 bis 50 Meter Tiefe auf, können aber auch bis 150 m hinabsteigen. In der Ostsee bewohnen sie küstennahe Bereiche bis etwa 20 m Tiefe. Der Sibirische Stör ernährt sich vorwiegend von wirbellosen Bodentieren. Damit nimmt er oft große Mengen Sediment und Detritus auf. In manchen Gebieten sind auch Fische ein wichtiger Teil seiner Nahrung.

Größe: meist bis 130 cm, max. 200 cm.

Merkmale: 1 Querreihe von 4 runden Barteln, reichen zurückgelegt bis zur Oberlippe. 5 Reihen auffallend kleiner Knochenschilder, die entlang der Flanken erscheinen als dünne Naht. Körperfärbung variiert von hellgrau bis dunkelbraun.

Vorkommen: Ursprünglich alle großen sibirischen Flüsse vom Ob im Westen bis zum Kolyma im Osten. Durch Besatz auch in ost- und mitteleuropäischen Gewässern; besonders auch in den Küstengewässern von Ost- und Nordsee zwischen Leningrad und Amsterdam sowie in den Unterläufen der großen Zuflüsse.

Wissenswert
Der Sibirische Stör wird schon seit Längerem und mit zunehmender Bedeutung in verschiedenen europäischen Ländern in Aquakultur gezüchtet.

Sterlet
Acipenser ruthenus

Zur Fortpflanzung (April-Juni) ziehen die Tiere flussaufwärts. Abgelaicht wird an stärker überströmten Bereichen mit Grobkies, an dem die klebrigen Eier (bis 150.000) pro Weibchen haften. Die Larven schlüpfen nach 3-5 Tagen und driften mit der Strömung flussabwärts. Männchen werden nach 3-5, Weibchen nach 5-9 Jahren geschlechtsreif. Das Höchstalter beträgt 70 Jahre. Der Sterlet frisst wirbellose Bodentiere wie Insektenlarven, Würmer, Schnecken, Muscheln und Egel, daneben gelegentlich kleine Fische.

Größe: meist 30-60 cm, max. 124 cm.
Merkmale: Schlanker Körper. Eine Querreihe gefranster Barteln, reichen zurückgelegt knapp bis zur Oberlippe. Schnauze variabel, von stumpf bis lang und spitz.
Vorkommen: Zuflüsse des Kaspischen, Asowschen, Schwarzen und Nordpolar-Meeres; Ostsee von Riga bis Leningrad. In der Donau früher flussaufwärts bis Ulm, heute wieder in oberer Donau.

Wissenswert
Sterlets werden in Aquakultur gezüchtet und sind auch als Aquarien- und Teichfische beliebt.

Waxdick, Russischer Stör
Acipenser gueldenstaedtii

Die Art lebt in flachen Küsten- und Brackwasserbereiche von 2 bis über 100 m Tiefe und steigt zum Laichen die Flüsse hinauf. Die Eiablage erfolgt an rasch strömenden Stellen über steinig-kiesigem Grund. Ein Weibchen legt etwa 30.000 bis über 1,1 Millionen Eier. Männchen werden frühestens mit 7, meist mit 11-13 Jahren geschlechtsreif, die Weibchen mit 12-16 Jahren. Frei lebende Tiere können 30-50 Jahre alt werden. Der Waxdick wird stark befischt (Rogen: Ossietra-Kaviar). Sein Bestand muss durch intensiven Besatz gestützt werden.

Größe: bis 250 cm, max. 3-4 m.
Merkmale: Kurze, stumpfe Schnauze. Eine Querreihe kurzer Barteln, reichen zurückgelegt nicht bis zur Oberlippe.
Vorkommen: Schwarzes, Asowsches und Kaspisches Meer und deren größere Zuflüsse. Früher in der Donau bis Bratislava, selten auch bis Wien und Regensburg.

Wissenswert
Geschützt durch 5 Längsreihen von Knochenschilden: Bei einer Beobachtung hatte ein Hecht einen Stör im Maul, den er von der Größe her leicht hätte schlucken können, jedoch wieder loslassen musste.

Sternhausen
Acipenser stellatus

In Meeren bewohnt der Sternhausen Küstengewässer. Die größten Populationen dieser Art leben im Kaspischen Meer. Gebietsweise bevorzugt der Sternhausen Flachwasserbereiche um 3 m Tiefe, kommt jedoch bis 300 m Tiefe vor. Der anadrome Wanderfisch laicht gebietsabhängig von Mai bis September ab und steigt dazu in die Flüsse auf. Die Ablage der klebrigen Eier erfolgt an relativ schnell überströmten Stellen mit Steinen, Geröll oder Kies, oft gemischt mit Grobsand. Die Tiere werden meist 6-8 kg, max. 54 kg schwer und erreichen ein Höchstalter von 35 Jahren.

Größe: meist 100 – 120 cm, max. 220 cm.
Merkmale: Schlanker, spindelförmiger Körper, Sehr lange und schmale Schnauze. 1 Querreihe kurzer, gleich langer Barteln, die zurückgelegt nicht bis zur Oberlippe reichen.
Vorkommen: Kaspisches, Asowsches, Schwarzes, vereinzelt im Ägäischem Meer und deren Zuflüssen. Früher stieg er weit in die Donau auf, in Ausnahmefällen sogar bis in ihren bayrischen Abschnitt und die Isar.

Wissenswert
Die starke Befischung muss durch umfangreichen Besatz ausgeglichen werden. Der Rogen dieser Art ist als Sevruga-Kaviar auf dem Markt.

Störe

Störe sind eine sehr alte, ursprüngliche Fischfamilie mit 27 Arten. Der größte Stör ist mit über 6 m und 1000 kg der Hausen, selten erreicht er sogar bis 8 m und über 3000 kg. Fast alle Störe sind heute gefährdet. Die starke Befischung der wertvollen Kaviarlieferanten muss oft durch intensiven Besatz wieder ausgeglichen werden. Für einige Arten gewinnt die Aquakultur an Bedeutung.

Der Europäische Stör (*Acipenser sturio*) ist mit 3 m (in Osteuropa max. 6 m) Länge unser größter Fisch – oder besser, er war es. Der Störe wurde als Kaviarlieferant und seines wohlschmeckenden Fleisches wegen rücksichtslos überfischt. Bis zum Ende des 19. Jahrhunderts war er noch wirtschaftlich bedeutend. Allein aus der Elbe fing man zwischen 1890 und 1895 jährlich etwa drei- bis viertausend Tiere. Schon 1915 tendierten die Fänge gegen Null. Überall gingen in kurzer Zeit die Bestände dramatisch zurück. Später kamen Zerstörungen von Laichgründen hinzu sowie Stauwehre, die seine Laichaufstiege verhinderten. War der Stör früher in vielen europäischen Laichflüssen heimisch, so existiert heute nur noch eine winzige Restpopulation in der französischen Gironde. Die Art gilt heute als „vom Aussterben bedroht" und ist bereits bis auf die letzte Gironde-Population praktisch überall ausgerottet. Aktuell wird versucht, den Europäischen Stör wieder in der Elbe anzusiedeln. Als eine Maßnahme entstand am zuvor unüberwindbaren Stauwehr Geesthacht Europas größte Fischtreppe, die selbst drei Meter lange Störe passieren können.

Oben links: Der Sternhausen hat eine sehr lange Schnauze.
Oben rechts: Die Silhouette eines Störs ähnelt der eines Hais.
Unten links: Sehr seltener Albino-Sterlet.
Unten rechts: Waxdick mit typisch kurzer Schnauze.

Aal
Anguilla anguilla

Aale verbringen einen Großteil ihres Lebens in Küsten- und Süßgewässern. Doch als katadrome Wanderart zieht er zum Ablaichen ins Meer: Die Laichplätze liegen im 6000 bis 7000 km entfernten Sargassomeer im Westatlantik. Die Tiere laichen dort im Frühjahr im Freiwasser ab und sterben anschließend. Aus den in rund 100 Metern Tiefe driftenden Eiern (1-4 Mio. pro Weibchen) schlüpfen nach etwa 2 Tagen die 5-6 cm großen, zunächst lang gestreckten, später weidenblattförmigen Larven (Leptocephalus). Mit nordatlantischen Strömungen driften sie bis nach Europa. In den Küstengewässern verwandeln sie sich zu pigmentlosen „Glasaalen" und dringen dann in Brack- und Süßwasser ein, wobei ihre Pigmentierung zunimmt. Manche Jungfische bleiben im Bereich der Flussmündungen und Küstengewässer – aus ihnen entwickeln sich später überwiegend Männchen. Die anderen, mehrheitlich zu Weibchen reifenden, werden Steigaale genannt: Auf ihren teils weiten Wanderungen flussaufwärts können sie bis in obere Flussregionen vordringen.

Größe: Männchen bis 50 cm, Weibchen bis 150 cm.
Merkmale: Kräftiger, schlangenförmiger Körper. Rücken-, Schwanz- und Afterflosse bilden einen einheitlichen Flossensaum. Winzige Schuppen, tief eingebettet in die dicke, schleimige Haut.
Vorkommen: In Europa natürlicherweise in allen Gewässern, die mit Weißem Meer, Ost- und Nordsee, Atlantik, Mittelmeer und Schwarzem Meer in Verbindung stehen. Heute zusätzlich durch Besatz in vielen weiteren Gewässern.

Tipp für Taucher
Tagsüber sind Aale nur sehr selten zu sehen. Sie halten sich dann im schlammigen Boden, im Wurzelgeflecht oder zwischen Wasserpflanzen versteckt. Nachts gehen sie über den Boden schlängelnd auf die Jagd. Die Winterruhe verbringen sie eingegraben an tieferen Stellen im Boden.

Huchen
Hucho hucho

Junge Exemplare fressen vor allem Insekten und andere wirbellose Kleintiere, doch stehen auch sie nicht selten schon in der Strömung und jagen Elritzen und verschiedene Jungfische. Später stellt der einzelgängerische Räuber hauptsächlich Fischen nach, vor allem Nasen und Forellen. Daneben erbeutet er weitere Arten wie Barben, Äschen und Groppen, gelegentlich auch Wasservögel und Kleinsäuger.

Zur Laichzeit von März bis Mai bei Wassertemperaturen von 6-10 Grad steigt er kurze Strecken flussaufwärts oder in kleinere Zuflüsse. Die etwa 5 mm großen, gelben Eier (bis 30.000 pro Weibchen) werden an seichten, kiesigen und schnell überströmten Stellen in selbst geschlagene Gruben abgelegt und mit Kies zudeckt. Die schnellwüchsigen Jungtiere können im zweiten Jahr bereits über 30 cm messen. Sie werden mit 3 (Männchen) bzw. 4 Jahren (Weibchen) bei einer Länge von 50 bis 70 cm geschlechtsreif und können 20 Jahre alt werden.

Größe: 80 – 120 cm, max 160 cm.
Merkmale: Lang gestreckter, fast drehrunder Körper. Langer, abgeflachter Kopf, endständiges, weites Maul (reicht bis hinter die Augen). Fettflosse. Zahlreiche dunkle Tupfen; Flanken oft mit kupferrötlichem Schimmer.
Vorkommen: Schnell strömende, kühle und sauerstoffreiche Fließgewässer. Ursprünglich nur im Donaugebiet, durch Besatz heute auch in einigen anderen Gewässern im Alpenraum.

Wissenswert
Der Huchen ist ein standorttreuer Räuber und hält sich bevorzugt in reich strukturierten Gewässerabschnitten auf. Hier steht er häufig in tiefen Gumpen und hinter Steinen sowie an beschatteten Stellen, etwa unter überhängenden Baumwurzeln und Brücken.

Der Huchen ist schwer zu finden, in Seen kommt er fast gar nicht vor. Er liebt die kühle Barben- und Äschenregion größerer Flüsse. Gewässerausbau, der ihn am Aufsuchen seiner Laichplätze hindert, hat seine Bestände sehr stark zurückgedrängt.

Trotz seiner Größe ist der Huchen sehr wendig. Häufig sieht man ihn in 1-2 Metern Wassertiefe – wegen der Forellen, die er nahe der Wasseroberfläche jagt. Dabei wurde schon beobachtet, wie er eine Bachforelle etwa 150 m weit verfolgte.

Vielleicht das einzige Unterwasser-Foto vom Huchen in freier Natur mit Taucher. Es gelang im oberbayerischen Fluss Traun. Nur mit ruhigen Bewegungen und ohne aufschreckende Blasengeräusche kommen Taucher so nahe an Huchen heran.

Huchen reagieren sehr empfindlich auf Blitzlicht: Werden sie angeblitzt, zucken sie deutlich sichtbar zusammen und schießen nach diesem Schreck davon. Aufnahmen wie diese gelingen daher besser ohne Blitz.

Bachsaibling
Salvelinus fontinalis

Der Bachsaibling ist standorttreu, wenig scheu und meist in recht geringen Tiefen anzutreffen. An seine Gewässer stellt er bezüglich Versteckmöglichkeiten nur geringe Ansprüche. So lebt er auch in Bereichen, in denen, wie in begradigten Bächen, Unterstände fehlen. Zur Laichzeit von September bis März schlagen Bachsaiblinge im Kiesgrund flache Laichmulden. Ein Weibchen legt bis zu 2000 Eier pro Kilogramm Körpergewicht. Nach dem Absetzen der Eier werden diese locker mit Kies bedeckt. Männchen werden meist nach zwei, Weibchen nach drei Jahren geschlechtsreif.

Größe: meist 20 bis 45 cm, max. 55 cm.

Merkmale: Kräftiger, lang gestreckter Körper; endständiges Maul; weite, bis hinter die Augen reichende Mundspalte. Fettflosse. Brust-, Bauch- und Afterflosse rötlich mit weißem Saum am Vorderrand, dahinter ein schwarzer Streifen. Letzterer ist ein sicheres Unterscheidungsmerkmal zum Seesaibling.

Vorkommen: Bei uns in kalten, sauerstoffreichen Fließgewässern und besonders in der Alpenregion auch in Seen. Diese im Nordosten Amerikas heimische Art wurde ab 1884 in Europa eingeführt und in verschiedene Gewässer ausgesetzt.

Leckere Mischlinge
Bachsaiblinge sind geschätzte Speise- und beliebte Angelfische, wirtschaftlich jedoch von untergeordneter Bedeutung. In der Teichwirtschaft sind sie fast ausschließlich Nebenfische bei Aufzucht von Regenbogenforellen.
Kreuzungen zwischen Bachsaibling und Bachforelle ergeben sogenannte Tigerforellen. Werden Bach- und Seesaibling gekreuzt, erhält man den sogenannten Elsässer Saibling (S.218).

Saibling, Seesaibling
Salvelinus alpinus

In den Regionen des nördlichen Eismeeres ist der Saibling anadrom und wird daher auch als Wandersaibling bezeichnet. Als Seesaibling lebt er wie bei uns stationär und fleckenhaft in oftmals isolierten Binnenseen. In Mitteleuropa in tiefen, kalten und sauerstoffreichen Seen, besonders Voralpen- und Alpenseen (bis etwa 2600 m Höhe). Das begünstigt die Ausbildung von Ökotypen. Diese zeigen gewisse Unterschiede in Färbung, Nahrung, Wachstum, Aufenthaltsort im Gewässer sowie Laichzeiten und Laichplätzen. Allein bei uns lassen sich 3 Formen unterscheiden. Der Normalsaibling wird etwa 40 cm groß und ernährt sich vorwiegend von Zooplankton und wirbellosen Kleintieren, einschließlich Insekten. Als Wildfangsaibling, der bis über 80 cm groß werden kann, lebt er räuberisch und stellt anderen Fischen nach. Als Schwarzreuter oder Tiefseesaibling bezeichnet man kleinwüchsige Formen (oft nur 10, max. 25 cm groß) aus nahrungsarmen, meist hoch gelegenen Seen.

Größe: 25 bis 85 cm (je nach Formengruppe)
Merkmale: Lang gestreckter, seitlich abgeflachter Körper. Weites, endständiges Maul. Fettflosse. Afterflosse mit weißem Vorderrand – im Gegensatz zum Bachsaibling ohne angrenzenden schwarzen Streifen.
Vorkommen: Weit verstreutes Verbreitungsgebiet. Zirkumpolar (Nordamerika, Asien, Europa) in den Küstengewässern des nördlichen Eismeeres vor sowie in dessen Zuflüssen.

Wissenswert
Der Seesaibling ist ein hervorragender Speisefisch. Daher wird er auch in nährstofftrübere Seen und Talsperren eingesetzt und so stellenweise auch bis Norddeutschland verbreitet. In solchen Gewässern ist er jedoch meist von Besatzmaßnahmen abhängig.

Regenbogenforelle
Oncorhynchus mykiss

Die Regenbogenforelle ernährt sich ähnlich wie die Bachforelle von wirbellosen Bodentieren, Anfluginsekten und kleinen Fischen. Sie ist gegenüber höheren Wassertemperaturen (bis 25 Grad) und geringerem Sauerstoffgehalt unempfindlicher als die Bachforelle. Die Laichzeit liegt bei uns zwischen Dezember und Mai. Über Kiesbänken legt das Weibchen die Eier (bis 2000 pro kg Körpergewicht) in selbst geschlagenen Laichgruben ab. Eine natürliche Fortpflanzung kommt in unseren Gewässern jedoch nur ausnahmsweise vor. Die Bestände beruhen größtenteils auf Besatz. Manchmal sind es auch aus Aquakulturen entwichene Tiere.

Für Feinschmecker
Die Regenbogenforelle ist ein äußerst beliebter Angelfisch, vor allem jedoch lässt sie sich sehr gut züchten und ist ein wirtschaftlich bedeutender Speisefisch. Die hauptsächlich mit Fischmehl-Pellets in Zuchtanstalten gemästeten Tiere wachsen sehr schnell heran. Exemplare mit rund 1,5 kg werden als „Lachsforelle" verkauft. Ihre rosa Fleischfarbe kommt von Futterzusätzen, die entsprechende Farbstoffe enthalten.

Größe: 25 bis 70 cm, max. sehr selten bis 110 cm
Merkmale: Lang gestreckter, seitlich zusammengedrückter Körper. Weites, endständiges Maul. Fettflosse. Zahlreiche kleine dunkle Tupfen sowie ein rosa schillerndes Längsband an den Flanken.
Vorkommen: Ursprüngliche Heimat ist das westliche Nordamerika, dort in schnellen Fließgewässern („rainbow") oder anadrome Wanderform („steelhead"). In Europa 1882 eingeführt. Bei uns vor allem in Aquakultur (Teichwirtschaft). Obwohl Regenbogenforellen häufig entweichen, und es zusätzlich massive Besatzmaßnahmen gab, konnte sich die Art nur in sehr wenigen Fließgewässern etablieren (z. B. im Alpengebiet).

Bachforelle
Salmo trutta forma fario

Bachforellen sind standorttreu und verteidigen ihre jeweils nur wenige Quadratmeter großen Reviere. Häufig ruhen sie auf dem Grund, zur Oberfläche schwimmen sie nur, wenn sie dort Fressbares, wie z. B. Anflugnahrung, ausmachen. Daneben fressen vor allem jüngere Bachforellen Insektenlarven und Bachflohkrebse. Große Exemplare, sogenannte Raubforellen, stellen auch kleineren Fischen wie Elritze, Bachschmerle, Groppe und Jungtieren der eigenen Art nach. Zur Paarungszeit zwischen Oktober und Januar schlägt das Weibchen mit dem Schwanz eine flache Laichgrube in grobkiesigen Grund. Nach der Befruchtung durch das Männchen werden die 4-5 mm großen, klebrigen Eier mit Kies bedeckt. Die Larven schlüpfen nach 2-4 Monaten und bleiben noch ca. 3 Wochen im Kiesbett. Das Höchstalter liegt bei etwa 20 Jahren.
Aus nahrungsarmen Gewässern, etwa im Hochgebirge, kennt man kleinwüchsige Exemplare. Diese sogenannten Steinforellen werden schon mit 8 cm geschlechtsreif und nur etwa 15 cm groß.

Größe: meist bis 30 cm, selten bis gut 80 cm
Merkmale: Spindelförmiger Körper, stumpfe Schnauze, weites, endständiges Maul. Fettflosse. Färbung olivbräunlich bis silbergrau. Entlang der Flanken meist hell umrandete rote Tupfen (solche nie bei Regenbogen-, See- und Meerforelle).
Vorkommen: Klare, kühle, sauerstoffreiche Fließgewässer (Leitfisch der Forellenregion), auch in Seen. In Gebirgsseen bis 2500 m Höhe. Heimisch in fast ganz Europa und Vorderasien.

Wissenswert
Durch Gewässerausbau ist die Bachforelle gebietsweise verschwunden. Ihre Bestände werden häufig durch Besatz erhalten. Dieser geschätzte Speisefisch lässt sich nicht gut züchten. Forellen im Angebot der Restaurants sind meist keine Bachforellen.

Seeforelle
Salmo trutta forma lacustris

Die Seeforelle ist eine Standortform der Bachforelle. In der Jugend, als sogenannte Silber- oder Schwebforelle, hält sie sich in der oberen Freiwasserregion auf. Ältere, geschlechtsreife Tiere (Grundforellen) suchen dagegen meist größere Tiefen auf. Exemplare, die wie die Bachforelle in Fließgewässern leben, werden oft als Flussforelle bezeichnet. Als Nahrung dienen der Seeforelle zunächst wirbellose Kleintiere. Mit zunehmender Größe erbeutet sie vorwiegend Fische. Zu ihren Beutefischen gehören im Freiwasser dann meist *Coregonus*-Arten (Renken, Felchen, Maränen), aber auch kleine Barsche und junge Hechte. Zur Laichzeit von Oktober bis Dezember ziehen Seeforellen meist in die Zu- und Abflüsse der Seen, gelegentlich laichen sie auch im See selbst. Die Eier werden auf kiesigem Grund in selbst geschlagene Mulden abgelegt und mit Kies bedeckt. Danach kehren die Elterntiere wieder in die Seen zurück, die Jungtiere folgen nach 1-2 Jahren.

Größe: 40 bis 80 cm, max. 140 cm
Merkmale: Spindelförmiger Körper; endständiges Maul, beim Männchen zur Laichzeit zum Laichhaken gekrümmt. Fettflosse. Silbernes Schuppenkleid (im Gegensatz zur Bachforelle) mit schwarzen Flecken.
Vorkommen: Große, tiefere, kühle Seen; in den Alpen bis über 1500 m Höhe. Verbreitet von den Alpen über Teile Mitteleuropas bis Nordrussland, Skandinavien und Britische Inseln.

Wissenswert
Seeforellen werden unter Wasser nur selten entdeckt und beobachtet. Es ist kaum möglich, sich ihnen zu nähern, ganz besonders nicht im Freiwasser, wo sie sich meist aufhalten. Die Seeforelle auf dem unteren Bild misst stattliche 120 cm.

Lachs
Salmo salar

Der Lachs kann bei seinen Aufstiegen bis zu 3 Meter hohe Sprünge aus dem Wasser machen und so Hindernisse wie Stromschnellen, manche Wehre und kleine Wasserfälle überwinden.

Mit letzter Kraft
Lachse beginnen im Sommer ihren Aufstieg in die Flussoberläufe, wo sie von September bis Februar ablaichen. Während des Aufstiegs fressen die Tiere nicht und zehren nur von ihren Fettreserven. Die Eier werden an überströmten Kiesbänken in einer selbst geschlagenen Grube abgelegt, vom Männchen besamt und anschließend mit Kies bedeckt. Nach dem Ablaichen sterben die meisten der völlig erschöpften Elterntiere. Die Überlebenden kehren ins Meer zurück. Nur wenige treten im nächsten Jahr eine zweite Laichwanderung an. Maximal sind bis zu 5 Laichaufstiege im Leben möglich. Nach dem Schlüpfen bleiben die Jungtiere meist 2-5 Jahre im Süßwasser, bevor sie ins Meer abwandern. In seiner Jugend frisst der Lachs wirbellose Kleintiere, im Alter wechselt er auf Fischnahrung. Nach 2-7 Jahren im Meer, wo er oft weite Wanderungen unternimmt, kehrt er zum Laichen ins Süßwasser zurück. Lachse werden mit 4-8 Jahren geschlechtsreif und können 10 Jahre alt werden.

Größe: 50 bis 100 cm, max. 150 cm.
Merkmale: Lang gestreckter Körper, schlanker Schwanzstiel, Schwanzflosse leicht konkav. Fettflosse.
Vorkommen: Nordatlantik und Nebenmeere; in Europa atlantische Küsten von Nordportugal bis Barentssee, Nord- und Ostsee sowie deren Zuflüsse.

Wissenswert
Durch Gewässerausbau und -verschmutzung war der Lachs bei uns fast ausgestorben und im Rhein (dem ehemals wichtigsten „Lachsfluss" Europas) völlig verschwunden. Die Situation hat sich durch zunehmende Wasserqualität und Aktionsprogramme etwas gebessert. Vereinzelt sind in Rhein (etwa in der Sieg bei Bonn) und Elbe wieder Lachse anzutreffen.

Marmorata-Forelle
Salmo marmoratus

Die Marmorata-Forelle verhält sich ähnlich wie die Bachforelle. Sie beansprucht kleine Reviere am Gewässergrund. Auf dem Bild ist eine Marmorate-Forelle aus dem Fluss Soca abgebildet, wie sie in einem Gumpen in vier Meter Tiefe ruht. Zwischen November und Januar wird an seichten, schnell überströmten Kiesbänken abgelaicht. Als Jungtiere ernähren sie sich von wirbellosen Kleintieren, später leben sie räuberisch von Fisch.

Größe: 120 cm
Merkmale: Lang gestreckter Körper; weite Mundspalte; Fettflosse. Färbung olivgrün mit ausgeprägter Marmorierung.
Vorkommen: Bevorzugt kühle, saubere Fließgewässer wie Wildwasserflüsse und- bäche. Nördliche Po-Zuflüsse, Einflussgebiet des Soca in Italien und Slowenien und weitere nordadriatische Flußsysteme.

Wissenswert
Die Art ist bedroht durch eingeführte Bachforellen, da sie sich mit diesen paaren und Hybriden bilden.

Renken, Felchen, Große Maränen
Coregonus spp.

Die Artzuordnung dieser formenreichen Gruppe ist noch nicht abgeschlossen. Der Formenkreis umfasst verschiedene Lokalrassen mit variierender Körperform, aber auch mit unterschiedlichen Lebensweisen. Es gibt stationäre Formen in Seen wie die Bodenrenken (fressen Bodentiere) und Schwebrenken (fressen Planktontiere). Zudem gibt es anadrome Wanderformen. In Seen werden diese Tiere von Seeforellen gejagt. Zudem lauern manche Hechte im tiefen Freiwasser (bis 20 m Tiefe) Renkenschwärmen auf.

Größe: je nach Form 15 bis 70, max 120 cm.
Merkmale: Schlanker, seitlich zusammengedrückter Körper. Kleiner Kopf mit end- oder unterständigem Maul. Fettflosse.
Vorkommen: Zirkumpolar in stehenden und fließenden Gewässern. Bei uns vor allem in Zuflüssen der Nord- und Ostsee sowie in Alpen und Voralpenseen.

Wissenswert

Keiner unserer heimischen Süßwasserfische ist schwieriger zu beobachten und zu fotografieren. Renken schwimmen fast nur im Freiwasser auf, höchstens nachts kommen sie in die Uferzone.

Äsche
Thymallus thymallus

Die Leitfischart der nach ihr benannten Äschenregion von größeren Bächen und kleineren Flüssen kommt auch in der unteren Forellen- bzw. Barbenregion vor. Der tagaktive Standfisch hält sich gerne in Bodenvertiefungen (Gumpen) auf. Dort stehen besonders Jungtiere öfter in kleinen Gruppen. Ältere Exemplare neigen zum Einzelgängertum und zeigen Revierverhalten, indem sie ihren Standplatz gegen Nahrungskonkurrenten verteidigen.

Äschen fressen Kleinkrebse, Schnecken, Würmer, Insektenlarven, Anfluginsekten, Fischlaich und Kleinfische wie Elritzen.

Zwischen März und Mai schlägt das Weibchen mit dem Schwanz eine Laichmulde an flachen, überströmten Kiesbänken. Nach der Befruchtung durch das Männchen werden die 3-4 mm großen, gelblichen Eier mit Kies bedeckt.

Die Larven bleiben nach dem Schlüpfen für einige Tage zwischen den Steinen versteckt. Männchen werden mit 2-3, Weibchen mit 3-4 Jahren geschlechtsreif. Äschen können etwa 14 Jahre alt werden.

Größe: meist 20 bis 35 cm, max. 60 cm.

Merkmale: Gestreckter, seitlich abgeflachter Körper. Leicht unterständiges Maul. Fettflosse; lange, hohe Rückenflosse (beim Männchen noch größer als beim Weibchen).

Vorkommen: Saubere und kühle, schnell fließende und sauerstoffreiche Gewässer mit kiesigem bis sandigem Grund. Unregelmäßige Verbreitung von Teilen SW-Frankreichs über Mitteleuropa bis zum Ural.

Wissenswert

Gewässerverschmutzung und -ausbau dezimierten vor Jahrzehnten die Äschenbestände. Bis etwa Mitte der 1990er-Jahre erholten sie sich deutlich aufgrund der verbesserten Wasserqualität. Dann gingen die Bestände stellenweise wieder zurück, brachen teils völlig zusammen. Ursache in solchen Gebieten ist vor allem das verstärkte Auftreten des Kormorans, der hauptsächlich Fisch frisst.

Und für Feinschmecker: Die Äsche ist noch delikater als die Forelle. Ihr Fleisch schmeckt leicht nach Thymian. Daher rührt auch ihr wissenschaftlicher Name *Thymallus*.

Hecht
Esox lucius

Der Hecht ist ein standorttreuer Raubfisch ufernaher Bereiche. Der Einzelgänger steht bevorzugt versteckt an der Schilfkante, unter Uferböschungen oder überhängenden Zweigen, zwischen Wasserpflanzen und Baumwurzeln.
Er frisst schon ab etwa 4 cm Länge fast ausschließlich Fische, auch kleinere Artgenossen, sowie gelegentlich junge Wasservögel, Bisamratte oder Spitzmaus.

Blitzstarter
Als typischer Lauerräuber packt der Hecht seine Beute im blitzschnellen Vorstoß. In dieser Disziplin der plötzlichen Beschleunigung gilt er als unschlagbar. Kein anderer Fisch, ob im Meer oder im Süßwasser, kann rasanter beschleunigen. Sein Geheimnis: Bis zu 60 Prozent seiner Körpermasse ist Muskulatur. Die extrem weit hinten liegende Rückenflosse bildet zusammen mit After- und Schwanzflosse eine große Schub erzeugende Fläche. Zudem kann sich sein biegsamer Körper sehr stark krümmen, sodass er zum Blitzstart richtig „ausholen" kann.
Junghechte können nach dem ersten Sommer bereits 20 cm messen. Männchen werden mit 2-3, Weibchen mit 3-4 und einer Größe von 25 bis 40 cm geschlechtsreif.
Hechte können über 30 Jahre alt werden.

Größe: bis 90 cm (Männchen) bzw. 150 cm (Weibchen)
Merkmale: Lang gestreckter, seitlich wenig zusammengedrückter Körper. Entenschnabelartige Schnauze, großes Maul; mehrere Fangzähne und zahlreiche, nach hinter weisende Hechelzähne.
Vorkommen: Zahlreiche stehende und langsam fließende, nicht allzu trübe Gewässer. Gemäßigte Klimazonen der nördlichen Erdhalbkugel: von Europa über Asien bis Nordamerika.

Tipp für Taucher
Meist verschmilzt sein grüner Körper mit hellen Flecken und Streifen gut getarnt mit dem Hintergrund. In solcher Deckung lauert er reglos auf vorbeischwimmende Beute. Er ist wenig scheu. Wenn man sich langsam und vorsichtig nähert, kommt man meist sehr nah an ihn heran.

Hechthochzeit

Vorspiel: Sie schwamm langsam umher, er (links im Bild) folgte ihr. Kurz darauf legten sich die beiden dicht zusammen auf den Grund, stiegen wieder hoch, rieben sich aneinander und laichten ab. (Bild oben links)

Gefährliche Liebschaften: Liegen die einzelgängerischen Hechte so zusammen, steht die Paarung unmittelbar bevor. Wenige Momente nach der Aufnahme stiegen die beiden etwa einen Meter empor und laichten über Pflanzen ab. Links liegt das größere Weibchen. In diesem Fall ist der Größenunterschied nicht dramatisch. Ist das Männchen jedoch nur etwa halb so groß wie das Weibchen, muss es sich nach der Paarung rasch davonmachen: Sonst könnte das Weibchen ihn als Hochzeitsschmaus betrachten. Denn direkt nach der Abgabe der Eier sinkt der Paarungstrieb und der Jagdtrieb gewinnt wieder Oberhand. Es wurde schon öfter beobachtet, wie ein Weibchen seinen Paarungspartner anschließend verspeiste. (Bild oben rechts)

Gruppensex: Keine Seltenheit bei Hechthochzeiten: Gleich vier Männchen folgten dem großen Weibchen beim Vorspiel. Die Männchen sind untereinander nicht aggressiv und versuchen nicht, einander fernzuhalten oder zu verjagen. So fand auch das Ablaichen in dieser Gruppe gemeinsam statt. Genau in diesem Moment entstand das Bild: Das Weibchen (hinten rechts) legt gerade die Eier ab, die Männchen geben ihren Samen dazu, erkennbar als milchige Wolken. (Bild unten).

Karpfen
Cyprinus carpio

Der Karpfen ist tagaktiv, scheu und hält sich gerne an geschützten Stellen auf. Nachts geht der bodenorientierte Friedfisch auf Nahrungssuche, durchwühlt den Grund nach Kleintieren wie Insektenlarven, Muscheln, Schnecken, Würmer und Kleinkrebsen. Er nimmt daneben auch pflanzliche Kost und gelegentlich, eventuell auch als „Beifang", kleine Fische. Die Fortpflanzung erfolgt bei uns von Mai bis Juli bei Wassertemperaturen über 18 Grad. Die Ablage der Eier (etwa 200.000 pro kg Körpergewicht des Weibchens) erfolgt an flachen pflanzenbestandenen Stellen oder überfluteten Wiesen.

Die Larven schlüpfen nach 3-6 Tagen und heften sich bis zur Aufzehrung ihres Dottersacks mithilfe ihrer am Kopf sitzenden Klebedrüsen an Wasserpflanzen. Als wärmeliebende Art wachsen die Jungtiere bei Wassertemperaturen über 20 Grad besonders gut heran. Mit 2-4 Jahren und einer Länge ab 30-45 cm werden sie geschlechtsreif. Sie können das recht hohe Alter von etwa 50 Jahren erreichen.

Größe: meist 30 bis 50 cm, max. 120 cm.

Merkmale: Gestreckter, seitlich etwas abgeflachter Körper. Endständiges, rüsselartig vorstülpbares Maul mit 4 Barteln an der Oberlippe (2 lange und 2 sehr kurze).

Vorkommen: Stehende und langsam fließende, bevorzugt wärmere, weichgründige und pflanzenreiche Gewässer. Mit 3 Unterarten und durch Besatz über fast ganz Europa verbreitet;

Wissenswert

Große Karpfen haben kaum noch Feinde, schwimmen auch tagsüber herum, lassen selbst Hechte nah an sich heran. Es wurde schon beobachtet, wie ein größerer Hecht an einem kapitalen, ungerührt dastehenden Karpfen „schnupperte" und dann weiterschwamm.

Wildkarpfen: Diese Stammform hat einen lang gestreckten, vollständig beschuppten Körper. Über Jahrhunderte züchtete man verschiedene hochrückige Formen, die weiter verbreitet wurden, wodurch die Wildform zurückgedrängt wurde.

Schuppenkarpfen: Der Schuppenkarpfen ist ebenfalls noch vollständig beschuppt, jedoch bereits etwas hochrückiger als die Wildform.

Spiegelkarpfen: Diese hochrückige Zuchtform hat wenige, sehr große und unregelmäßig verteilte Schuppen. Zeilkarpfen sind Zuchtformen mit ebenfalls vergrößerten, jedoch in einer Reihe entlang der Seitenline angeordnete Schuppen.

Lederkarpfen: Dieser ebenfalls hochrückige Zuchtform hat gar keine oder nur sehr wenige Schuppen. Manchmal wird sie daher auch als Nacktkarpfen bezeichnet.

Schleie
Tinca tinca

Schleien sind allgemein scheu und nicht sehr gesellig. Gelegentlich jedoch streifen sie in Gruppen umher. Sie sind überwiegend dämmerungs- und nachtaktiv. Die Fortpflanzung erfolgt von Juni bis August bei Wassertemperaturen um etwa 20 Grad. Die sehr kleinen, zahlreichen Eier (bis 900.000 pro Weibchen) sind klebrig und haften an Wasserpflanzen, über denen die Tiere ablaichen. Die nach 3-5 Tagen schlüpfenden Larven durchlaufen, mit Klebdrüsen am Kopf an Wasserpflanzen geheftet, eine kurze Ruhephase. Die Jungfische ernähren sich anfangs von Plankton. Den Winter über ruhen Schleien eingegraben im Schlamm. Die anpassungsfähige Art toleriert auch geringe Sauerstoffgehalte. Ihres schmackhaften Fleisches wegen wird sie in Aquakultur gerne als Beifisch in Karpfenteichen gezüchtet.

Größe: 20 bis 50 cm, max. 70 cm.
Merkmale: Gedrungener, kräftiger Körper. Hoher Schwanzstiel. Kleines, endständiges Maul mit 2 kurzen Barteln. Männchen mit vergrößerten Bauchflossen, deren 2. Strahl verdickt.
Vorkommen: Stehende und langsam fließende Gewässer mit weichem Grund und reichem Pflanzenbewuchs. Auch im Brackwasser. In den Alpen bis etwa 1500 m Höhe. Fast ganz Europa bis Sibirien.

Tipp für Taucher

Die Schleie sucht am Boden nach wirbellosen Kleintieren wie Insektenlarven, Schnecken und kleinen Muscheln, die sie auch aus dem Schlamm rauswühlt. Daneben nimmt sie pflanzliche Nahrung. Wie Welse ruht sie gerne in kleinen selbst angelegten Kuhlen (Schleienkuhlen), jedoch nicht auf freien Flächen, sondern im Kraut. Solche Stellen ähneln großen Nestern.

Karausche
Carassius carassius

Die Kaurausche frisst wirbellose Kleintiere ebenso wie pflanzliche Kost. Abgelaicht wird von Mai bis Juni an flachen Stellen mit reichem Pflanzenwuchs. Die hellorangen Eier (bis 300.000 pro Weibchen) bleiben an den Pflanzen kleben, auch die innerhalb einer Woche schlüpfenden Larven heften sich bis zum Erreichen der Schwimmfähigkeit mit einem am Kopf befindlichen Haftorgan an Pflanzen fest.

Bei hohen Bestandsdichten und ungünstigen Nahrungsverhältnissen neigt die Karausche zur Verbuttung. Diese als Stein- oder Teichkarausche bezeichnete Kümmerform ist von gestreckter Gestalt und nur etwa 10 cm lang.

Unter sehr guten Bedingungen, auch als Zuchtformen, kennt man schnellwüchsige, hochrückige, als Teller- oder Seekarausche bezeichnete Formen. Die Kaurausche kreuzt sich leicht mit Karpfen: Diese Bastarde besitzen ein oder zwei Paar Barteln, die jedoch dünner und kürzer als die des Karpfens sind. Zudem sieht man gelegentlich Farbvarianten, wie gescheckte Formen oder die Goldkopfkarausche (siehe Bild S. 218 oben links).

Größe: 15 bis 30 cm, max.. 50 cm
Merkmale: Gedrungener Körper, seitlich zusammengedrückt, mehr oder weniger hochrückig. Kleiner Kopf, entständiges, schräg nach oben gerichtetes Maul.
Vorkommen: Stillgewässer wie Seen, Teiche, Altgewässer, Weiher und sehr langsam fließende Gewässer mit reichem Pflanzenwuchs. Weite Teile Europas, östlich bis Zentralasien.

Wissenswert

Die Karausche ist außerordentlich widerstandsfähig, verträgt Sauerstoffmangel, Eutrophierung, Schadstoffbelastungen und periodisches Trockenfallen ihres Gewässers ebenso wie ein Durchfrieren im Winter. So bewohnt sie sogar kleinste Wasserlöcher sowie Gewässer, in denen sonst keine anderen Fischarten überdauern, indem sie sich mit stark gedrosseltem Stoffwechsel im Schlamm eingräbt.

Giebel, Silberkarausche
Carassius gibelio

Jungfernzeugung
Der Giebel kann sich durch sogenannte Jungfernzeugung fortpflanzen. Die Weibchen laichen von Mai bis Juli in pflanzenreichen Flachwasserzonen zusammen mit anderen Karpfenfischen (z. B. Karausche, Rotfeder, Rotauge, Karpfen). Die klebrigen Eier (bis 400.000 pro Weibchen) haften an den Pflanzen und werden durch die artfremden Spermien zur Embryonalentwicklung angeregt. Dabei wird die Eizelle nicht befruchtet, es kommt also nicht zur Kernverschmelzung. Lediglich die Zellteilung der Eizelle wird in Gang gesetzt. Bei dieser ungeschlechtlichen Fortpflanzung entstehen wiederum lauter Giebelweibchen. Es handelt sich also nicht um Bastarde, sondern genau genommen um Klone des Weibchens. In vielen Gewässern, gerade auch in unseren, können die Giebel-Populationen ausschließlich aus Weibchen bestehen. Als Nahrung dienen dem Giebel Wasserpflanzen und verschiedene wirbellose Kleintiere. Mit 2-4 Jahren wird er geschlechtsreif und kann bis 30 Jahre alt werden.

Größe: 15 bis 25 cm, max. 45 cm.
Merkmale: Seitlich abgeflachter, mäßig gestreckter Körper; sehr große Exemplare meist hochrückiger. Maul endständig, keine Barteln.
Vorkommen: Stehende und langsam fließende Gewässer mit reichem Pflanzenwuchs und weichem Grund. Ursprüngliche Heimat liegt in China und Sibirien. Heute bis Europa, einschließlich weiter Teile West- und Südeuropas, eingebürgert.

Wissenswert
Der Giebel ist ein widerstandsfähiger Fisch. Er verträgt stark nährstoffbelastetes und sogar verschmutztes Wasser und zeitweiligen Sauerstoffmangel. Er lebt gerne in kleinen, stark bewachsenen, bevorzugt wärmeren Gewässern und liegt häufig ruhend im Kraut. Er hat ein hohes Vermehrungspotential, ein sehr großes Verbreitungsgebiet und breitet sich weiter aus.

Blei, Brachsen, Brassen
Abramis brama

Der Brassen ist recht anpassungsfähig, lebt auch in stärker vom Menschen veränderten Gewässern und gehört vielerorts zu den häufigsten Fischarten. Bei großer Bestandsdichte und unzureichendem Nahrungsangebot an Bodentieren weicht er auf Plankton und Pflanzennahrung aus und bleibt dann häufig zwergwüchsig (Verbuttung). Solche Exemplare haben auch einen sehr schmalen Rücken (Messerrücken).

Zur Laichzeit von Mai bis Juli suchen sie in meist größeren Scharen nachts seichte, pflanzenreiche Uferstellen auf, wo sie unter lebhaftem Geplätscher ablaichen. Die klebrigen Eier haften oft in großer Zahl an Wasserpflanzen. Die nach 3-12 Tagen schlüpfenden Larven heften sich mit Klebedrüsen an die Pflanzen, bis ihr Dottervorrat aufgezehrt ist. Zur Winterruhe ziehen sich Brassen an tiefere, geschützte Stellen zurück, wo sie dann teils in größeren Scharen anzutreffen sind.

Größe: 30 bis 50 cm, max. bis 80 cm.
Merkmale: Seitlich stark abgeflachter, hochrückiger Körper. Stumpfe Schnauze, leicht unterständiges, vorstülpbares Maul. Graublau bis bleifarben, ältere Tiere oft mit Bronzeschimmer.
Vorkommen: Langsam fließende und stehende Gewässer mit weichem Grund; auch im Brackwasser. Charakterart im Unterlauf größerer Flüsse (Brassenregion). Europa nördlich der Pyrenäen und Alpen bis zum Ural.

Tipp für Taucher
Junge Brassen schwimmen bevorzugt in der Uferregion und fressen Zooplankton. Ältere trifft man tagsüber eher an etwas tieferen Stellen. Sie kommen nachts in flache Uferbereiche und suchen den Grund nach Insektenlarven, Würmern, Schnecken und kleinen Muscheln ab. Ihre Nahrung saugen sie fast senkrecht auf dem Kopf stehend mit dem röhrenförmig vorstülpbaren Maul aus dem weichen Boden. Dabei bleiben kleine, trichterförmige Fraßlöcher zurück.

Zobel
Abramis sapa

Die geselligen, bodenorientierten Zobel fressen Kleintiere des Bodens (Würmer, Insektenlarven, Kleinkrebse, Schnecken, kleine Muscheln). Von April bis Mai laichen sie, teils nach Stromaufwärts-Wanderungen, an flachen, pflanzenbestandenen Uferbereichen oder über steinig-kiesigem Grund ab. Nach 3-4 Jahren werden die Tiere geschlechtsreif und können über 8 Jahre alt werden. Die sehr ähnliche Zope (*A. ballerus*) hat eine etwas zugespitzte Schnauze und eine endständige, schräg nach oben gerichtete Mundspalte.

Größe: 15 bis 30 cm, max. 35 cm.
Merkmale: Hochrückiger, seitlich stark zusammengedrückter Körper. Hochgewölbte, stumpfe Schnauze, leicht unterständiges Maul.
Vorkommen: Stehende und langsam fließende Gewässer; auch im Brackwasser. Donaugebiet (bis etwa 600 m Höhe); nördliche Zuflüsse vom Schwarzen, Asowschen und Kaspischen Meer, Aralsee.

Tipp für Taucher
Der Zobel wird bei uns nur äußerst selten von Tauchern gesehen. Auch fischkundige Taucher mit über 1000 Süßwasser-Tauchgängen haben diese Art nur 1- oder 2-mal beobachten können

Marmorkarpfen
Hypophthalmichthys nobilis

Der Marmorkarpfen kommt bei uns durch Besatz nur fleckenhaft vor. Meist wurde er in natürliche Seen und in Stauseen eingesetzt. Er benötigt zur Fortpflanzung höhere Temperaturen von 25 bis 30 Grad. Daher sind nur die Bestände in Südosteuropa fortpflanzungs- und damit dauerhaft überlebensfähig. Die meisten unserer nördlichen Populationen dürften auf natürliche Weise verschwinden. Der Mamorkarpfen frisst bei Temperaturen über 19 Grad überwiegend Zooplankton. Unter 19 Grad nimmt er Würmer, Insekten, Weichtiere und kleine Fische.

Größe: 80 bis 100 cm, max .135 cm.
Merkmale: Gestreckter, leicht hochrückiger, seitlich abgeflachter Körper. Kleine Schuppen. Großer Kopf, oberständiges Maul, sehr tief liegende Augen.
Vorkommen: In seiner ostasiatischen Heimat bewohnt er große, warme Flüsse und deren Nebengewässer. Heimisch in Ostasien/China. Etwa ab 1950 in Europa eingeführt (z. B. in Zuflüssen des Schwarzen und Asowschen Meeres und im Donaugebiet; ab 1972 in Ostdeutschland.

Tipp für Taucher
Es ist schwer, sich dieser Art anzunähern und sie zu fotografieren.

Silberkarpfen, Tolstolob
Hypophthalmichthys molitris

Der Silberkarpfen laicht nahe der Wasseroberfläche (Freiwasserlaicher), die Eier (0,5 bis 2 Millionen pro Weibchen) driften frei schwebend in Flüssen oft weite Strecken stromabwärts, bis die Larven nach 1-2 Tagen schlüpfen. Zunächst ernähren sich die Jungtiere von tierischem Plankton, ab 5-10 cm Länge gehen sie über zu Phytoplankton, das sie mit ihrem Kiemenreusenapparat aus dem Wasser filtern. Auch der stark verlängerte Darmkanal (bis zum 15-fachen der Körperlänge) ist eine Anpassung an die spezielle Nahrung. Die Art wurde bei uns in nährstoffbelastete Seen ausgesetzt in der Hoffnung, übermäßige Algenentwicklung einzudämmen. In den meisten Seen hat dies jedoch kaum etwas gebracht. Bei unserem Klima pflanzt sich der Silberkarpfen nicht fort, wohl aber in Süd- und Südosteuropa. Als Speisefisch mit fettarmem, wohlschmeckendem Fleisch wird er gebietsweise in Aquakultur gehalten.

Größe: meist 60 – 80 cm, max. 100 cm.

Merkmale: Gestreckter, seitlich abgeflachter Körper. Kleine Schuppen. Großer Kopf mit oberständigem Maul.

Vorkommen: Bewohnt in seiner ostasiatischen Heimat große, warme Flüsse und deren Nebengewässer. Heimisch in Ostasien, Ab 1953 in Europa eingeführt, durch Besatz verstreute Vorkommen, bei uns zumeist in Seen.

Tipp für Taucher

Der Silberkarpfen ist häufig im Freiwasser anzutreffen und hält sich gerne in kleinen Gruppen auf. Gegen Abend sieht man ihn öfter auch auf dem Grund ruhend. Er ist ein zurückhaltender, scheuer Fisch, dem man sich auch zum Fotografieren nicht leicht annähern kann. Als Planktonfresser ist er mangels passender Köder extrem schwer zu angeln.

Graskarpfen, Weißer Amur
Ctenopharyngodon idella

Vegetarischer Vielfraß
Die Art wurde in den 1960er-Jahren bei uns ausgesetzt. Sie sollte die wegen Überdüngung in vielen Gewässern stärker wachsenden Wasserpflanzen ausdünnen. Was als „biologische Entkrautung" geplant war, zeigte jedoch häufig negative Auswirkungen. So fraßen die Tiere z. B. in österreichischen Seen auch gleich ganze Schilfbestände weg. Es wurden auch schon Graskarpfen beobachtet, die den Kopf aus dem Wasser streckten und Uferpflanzen abweideten. Sie können sogar mit Grasbüschel-Ködern geangelt werden. Zu dichter Besatz kann zudem zum vollständigen Verschwinden der Unterwasserpflanzen führen. In anderen Seen wurde das Wasser trüber.
Die Graskarpfenbestände schieden beträchtliche Kotwolken aus und es entwickelten sich vermehrt Planktonalgen, während höhere Unterwasserpflanzen zurückgedrängt wurden. Heute wird aus Naturschutzgründen vom weiteren Aussetzen abgeraten. Der Graskarpfen laicht von Juni bis August bei Temperaturen zwischen 19 und 30 Grad. Die Eier treiben im freien Wasser. Bei Temperaturen über 25 Grad dauert die Entwicklung nur etwa 2 Tage. Jungtiere fressen zunächst Kleintiere und Zooplankton, gehen aber rasch zur Pflanzennahrung über.

Größe: meist bis 80 m, max. 120 cm
Merkmale: Lang gestreckter Körper mit breitem, abgeflachtem Kopf. Leicht unterständiges Maul. Netzartige Zeichnung durch große, dunkelrandige Schuppen.
Vorkommen: In seiner ostasiatischen Heimat bevorzugt er große, warme Flüsse und deren Nebengewässer. Bei uns durch Besatz in fließenden und stehenden, vor allem sehr pflanzenreichen Gewässern.

Wissenswert
Bei höheren Temperaturen entwickeln Graskarpfen einen beträchtlichen Appetit: Bei über 25 Grad können Exemplare, die bis über 50 kg erreichen, an einem Tag mehr als das eigene Körpergewicht (bis zu 120 Prozent) an Wasserpflanzen vertilgen.

Döbel, Aitel
Leuciscus cephalus

Junge Döbel ernähren sich von wirbellosen Kleintieren des Bodens und Anfluginsekten, gelegentlich auch von Pflanzen. Mit zunehmendem Alter werden sie zu gefräßigen Räubern und Allesfressern. Dann erbeuten sie Fische, Fischlaich- und Brut, Frösche und frisch gehäutete größere Krebse. Selbst Wasserspitzmäuse, Wasserratten und junge Wasservögel sind nicht sicher vor ihnen. Sogar von Steinobst, wie ins Wasser gefallenen Kirschen oder Mirabellen, lutscht der Döbel das Fruchtfleisch vom Kern ab. Die Laichzeit erstreckt sich von April bis Juni. Die Männchen zeigen dann einen feinkörnigen Ausschlag. Die klebrigen, blassgelben Eier haften an Wasserpflanzen, Wurzeln oder Steinen. Männchen werden mit 3-4, Weibchen mit 4-5 Jahren geschlechtsreif. Die Tiere können etwa 20 Jahre alt werden. Döbel sind zwar bei Anglern beliebt, doch wegen ihres grätenreichen Fleisches kaum gefragte Speisefische.

Größe: 30 bis 60 cm, max. 80 cm.
Merkmale: Lang gestreckter, fast drehrunder Körper mit großem, breitem Kopf. Weite, endständige Mundspalte. Netzartige Zeichnung durch große, dunkelrandige Schuppen.
Vorkommen: Mäßig bis schnell strömende Fließgewässer, aber auch in Seen. Fast ganz Europa bis Kaspischem Meer und Vorderasien.

Tipp für Taucher
Der Döbel lebt sehr oberflächenorientiert und hält sich am häufigsten in der Uferzone auf. Oft schwimmt er in Gruppen. Als Jungfisch ist er gesellig. Schwimmt er in Gruppen, sind die Tiere stets von gleicher Größe. Ältere Exemplare sind meist Einzelgänger. Gerne ruht der Döbel auch unter versunkenen Bäumen bis in 2 m Tiefe. Er geht selten tiefer, unterhalb von 10 m wird er praktisch nie gesichtet. Der Döbel ist ein misstrauischer Fisch und schwierig zu fotografieren.

Aland, Orfe, Nerfling
Leuciscus idus

Von März bis Mai zieht der Aland zur Fortpflanzung in Schwärmen flussaufwärts und dabei auch in kleinere Fließgewässer. Tiere aus Seen schwimmen zu dieser Zeit in die Zu- oder Abflüsse. Die klebrigen, blassgelben Eier sinken ab und haften an Steinen oder Wasserpflanzen. Nach dem Ablaichen wandern die Elterntiere wieder flussabwärts. Die innerhalb von 3 Wochen schlüpfende Brut folgt ihnen noch im ersten Jahr. Der Aland wächst relativ langsam und misst im dritten Sommer etwa 20 cm. Mit 3 bis 5 Jahren und einer Größe zwischen 25 und 30 cm werden die Tiere geschlechtsreif. Als Nahrung dienen Wirbellose wie Würmer, Insektenlarven, Schnecken, Muscheln und Kleinkrebse. Besonders ältere Exemplare erbeuten auch kleine Fische.
Der Aland wurde früher häufig in Massen gefangen, besonders während der Laichwanderungen. Heute tritt er seltener in solchen Dichten auf. Durch Besatz ist er zugleich jedoch in neue Gebiete vorgedrungen.

Größe: meist 30-50 cm, max. 80 cm
Merkmale: Gestreckter Körper, etwas hochrückig. Schmale, endständige Maulspalte. Brust-, Bauch- und Afterflosse rötlich (manchmal auch Rücken- und Schwanzflosse).
Vorkommen: Mittlere und größere Fließgewässer sowie manche Seen; auch Brack- und Küstengewässer. Von Mitteleuropa nördlich der Alpen und östlich des Rheingebietes über Osteuropa bis Sibirien.

Tipp für Taucher
Der Aland schwimmt bevorzugt nahe der Wasseroberfläche. Während der kalten Jahreszeit ist er in etwas tieferen Bereichen anzutreffen und man sieht ihn öfter am Boden ruhend. Er verträgt etwas erhöhte Salzgehalte und kommt z. B. auch im Fehmarnsund und der Wismarer Bucht vor.

Hasel
Leuciscus leuciscus

Der Hasel lebt grundsätzlich gesellig, doch ist er regelmäßig auch einzeln schwimmend anzutreffen. Meist schwimmt er im oberen Fünf-Meter-Bereich auf, gerne auch sehr oberflächennah. Zu seiner Nahrung gehören Insektenlarven, Anfluginsekten, Würmer, kleine Schnecken und gelegentlich auch Pflanzenteile. Die Laichzeit erstreckt sich von März bis Mai. Zum Ablaichen suchen die Tiere sandige, kiesige oder steinige Stellen im Flachwasser auf. Dazu schwimmen sie oft eine kurze Strecke stromaufwärts. Die etwa 2 mm großen Eier (bis 20.000 pro Weibchen) sinken zum Grund und bleiben an Steinen der Wasserpflanzen kleben. Die Männchen werden mit 2-3, die Weibchen mit 3 Jahren ab etwa 12 cm geschlechtsreif. Die Tiere können bis 16 Jahre alt werden. Mit seinem grätenreichen Fleisch ist der Hasel weder für Berufs- noch für Sportfischer von Bedeutung.

Größe: 15 bis 20 cm, max. 30 cm
Merkmale: Spindelförmiger, seitlich kaum abgeflachter Körper. Kleiner Kopf; enges, leicht unterständiges Maul. Afterflosse eingebuchtet.
Vorkommen: Bevorzugt schneller strömende, kühle Fließgewässer. Auch in klaren, durchflossenen Seen, dort gerne im Bereich der Zu- und Abflussnähe. Europa nördlich der Pyrenäen und Alpen bis Sibirien.

Tipp für Taucher
Der Hasel ist ein flinker, für einen Karpfenfisch zudem ungewöhnlich lebhafter und geschickter Schwimmer, der gelegentlich auch aus dem Wasser springt, sich gerne auch in Seen im Freiwasser aufhält. Er wird er von Tauchern, auch wegen seiner Vorliebe für kleine, schneller fließende Gewässer, eher selten gesichtet.

Strömer
Leuciscus souffia

Der Strömer ist ein gesellig lebender Fisch, steht gerne in Gruppen in leichter Strömung und dringt auch in Quellbäche ein. Bevorzugt hält er sich an etwas tieferen Stellen auf. Vor allem im Winter sucht er solche, zudem strukturreiche Bereiche auf, die ihm ausreichend Unterschlupfmöglichkeiten und Deckung bieten. Als Nahrung dienen ihm Plankton und kleine, wirbellose Bodentiere. Gelegentlich springt er auch nach Luftinsekten. Zur Laichzeit von März bis Mai wird beim Männchen das sonst häufig wenig erkennbare Längsband an den Seiten farbintensiver, oftmals dunkelviolettblau.

Das Ablaichen (bis etwa 6000 Eier pro Weibchen) findet in der Strömung über kiesigem Grund statt. Mit 2 Jahren, ab 11 cm Länge tritt die Geschlechtsreife ein.

Besonders in unserem Gebiet sind die Bestände des Strömers stark zurückgegangen; gebietsweise ist er völlig verschwunden.

Größe: 10 bis 20 cm, max. 25 cm.
Merkmale: Lang gestreckter, fast spindelförmiger Körper. Leicht unterständiges Maul. Basis der Brustflossen blassorange. An den Seiten unterschiedlich ausgeprägtes dunkles Längsband.
Vorkommen: Rasch fließende Gewässer (Äschenregion), selten auch in Seen. Oberlauf von Rhein (einschl. Bodensee), Neckar, Main, Donau; südlich der Alpen in den Einzugsgebieten u. a. von Rhone, Var, Etsch, Po und Tiber.

Tipp für Taucher
Der Strömer ist eine kleine, unscheinbare Art, die selten wahrgenommen wird und allgemein wenig bekannt ist. Zudem sind die Tiere scheu und machen es einem schwer, sich ihnen anzunähern. Schon die Luftblasen tauchender Fotografen lassen sie oftmals davonschwimmen.

Rotauge, Plötze
Rutilus rutilus

Das Rotauge hält sich, oft in Schwärmen, in vegetationsreichen Uferregionen auf, geht aber auch ins Freiwasser. Zu seiner vielseitigen Nahrung gehören Zooplankton, Insektenlarven, Würmer, Schnecken, Muscheln, Kleinkrebse und pflanzliche Kost. Zur Paarungszeit von April bis Juni laichen die Tiere gruppenweise unter lautem Geplätscher im Flachbereich an Pflanzen, Wurzeln oder Steinen, wo die 1 mm großen Eier (bis 200.000 pro Weibchen) haften bleiben. Die Larven schlüpfen nach 4-14 Tagen und heften sich mit Klebedrüsen am Kopf meist an Pflanzen fest, bis ihr Dottervorrat aufgezehrt ist. Mit 2-4 Jahren und 12-15 cm Länge werden sie geschlechtsreif. Rotaugen können etwa 18 Jahre alt werden. Die sehr anpassungsfähige Art ist ökologisch anspruchslos und auch in stärker verschmutzten Gewässern anzutreffen. Bei ungünstigen Nahrungsverhältnissen und Überbevölkerung zeigen sie häufig mit nur 10-15 cm Länge Zwergwuchs (Verbuttung).

Größe: meist 20-30 cm, max. 50 cm.

Merkmale: Seitlich abgeflachter, je nach Alter und Nahrungsangebot mehr oder weniger hochrückiger Körper. Kleines, endständiges Maul. Iris gelbrot; Körperfärbung in trübem Wasser oft leicht gelblich (Foto unten), im klaren Wasser, besonders im Winter eher stahlblau (Foto oben).

Vorkommen: Stehende und fließende Gewässer, auch im Brackwasser. Europa nördlich der Pyrenäen und Alpen bis nach Sibirien. Sehr weitverbreitet und auch bei uns einer der häufigsten Fische. Zu seinen Lebensräumen gehören große Seen, Teiche und Weiher ebenso wie tiefere Bäche, große Flüsse, Ströme und Ästuare.

Rotfeder
Scardinius erythrophthalmus

Die Rotfeder ist ein geselliger Fisch und hält sich gerne in pflanzenreichen Uferzonen auf. Sie nimmt vorzugsweise pflanzliche Kost zu sich, besonders weichblättrige Wasserpflanzen wie Tausendblatt, Wasserpest, Laichkrautarten und fädige Algen, daneben aber auch wirbellose Kleintiere wie Insektenlarven und Schnecken. Zur Paarungszeit von April bis Juni tragen die Männchen einen feinkörnigen Laichausschlag. Abgelaicht wird in Scharen an seichten Stellen über Wasserpflanzen, an denen die klebrigen Eier (bis über 200.000 pro Weibchen) haften bleiben. Die Larven schlüpfen nach 3-10 Tagen. Rotfedern können ein Alter von 17 Jahren erreichen. Als Speisefisch ist sie wenig geschätzt und wirtschaftlich unbedeutend.

Größe: 20-30 cm, max. 45 cm.
Merkmale: Mittelhoher, seitlich zusammengedrückter Körper. Maul klein, oberständig, schräg nach oben gerichtet. Iris goldfarben. Flossen hellrot bis kräftig rot, an der Basis braunrot bis grau.
Vorkommen: Stehende und langsam fließende, pflanzenreiche Gewässer. Auch im Brackwasser. Fast ganz Europa bis zum Ural.

Wissenswert
Rotfedern bilden häufig Schwärme, auch im Freiwasser. Man kann gerade auch bei älteren Tieren öfter Schwärme aus bis zu 100 Tieren beobachten, wobei alle stets die gleiche Körpergröße haben. Die Rotfeder ist eine wichtige Beute für Raubfische und als Vertilger von Wasserpflanzen bedeutend für den Stoffhaushalt im Gewässer.

Güster, Blicke
Abramis bjoerkna

Die Güster ist meist in stillen, pflanzenreichen Uferregionen zu beobachten, seltener im freien Wasser. Sie frisst viele verschiedene wirbellose Bodentiere wie Insektenlarven, Würmer, kleine Muscheln, Schnecken, daneben auch Planktontiere und Pflanzenteile. Zur Fortpflanzungszeit von Mai bis Juni sammelt sie sich in Schwärmen an seichten, bevorzugt pflanzenreichen Uferstellen. Das Ablaichen findet unter lautem Geplätscher statt. Die klebrigen Eier (bis 100.000 pro Weibchen) haften an den Pflanzen.

Die Güster ist langsamwüchsig. Sie wird mit 3-4 Jahren geschlechtsreif und misst dann erst 10 bis 15 cm. Sie kann über 16 Jahre alt werden. Die anspruchslose Art ist in vielen Gewässern zahlreich vertreten. Zur Winterruhe zieht sie sich an tiefere Stellen zurück. Wegen ihres grätigen Fleisches spielt sie als Speisefisch kaum eine Rolle.

Größe: 20-35 cm.
Merkmale: Hochrückiger, seitlich stark abgeflachter Körper. Kurze, stumpfe Schnauze (kleiner als der Augendurchmesser), Maul ganz leicht unterständig und nicht vorstülpbar (wie beim ähnlichen Brassen).
Vorkommen: Bevorzugt langsam strömende Flüsse (Bleiregion) und Stillgewässer. Von Mitteleuropa nördlich der Pyrenäen und Alpen bis zum Kaukasus und Ural.

Wissenswert
Die Güster wird am häufigsten mit dem Brassen verwechselt. Mit ihm kann sie auch Hybriden bilden, sogenannte „Güsterbrachsen". Sie kreuzt sich gelegentlich auch mit einigen anderen Karpfenfischen. All diese Bastarde sind jedoch steril, können sich ihrerseits also nicht weiter fortpflanzen.

Nase
Chondrostoma nasus

Nasen halten sich bevorzugt im strömenden Wasser mit festem, steinigem Grund auf. Es sind bodenorientierte, gesellig lebende Fische. Mit ihrer scharfkantigen, verhornten Unterlippe schaben sie Algenaufwuchs mitsamt darin befindlichen Kleintieren von Steinen und Wurzeln ab. Zur Laichzeit im März bis Mai vertiefen sich die Körperfarben. Rücken und Seiten sind dann sehr dunkel, und beide Geschlechter tragen einen Laichausschlag, die Männchen ausgeprägter. Die Laichtiere, auch solche aus Seen, steigen in Schwärmen flussaufwärts, dringen auch in kleine Nebenflüsse oder Wildbäche vor. Das Ablaichen findet unter heftigem Geplätscher im Seichtwasser über feinem Geröll oder gröberen Steinen statt, wo die klebrigen Eier (bis 100.000 pro Weibchen) haften bleiben. Die Larven schlüpfen nach 20-30 Tagen. Mit 3-4 Jahren und ab etwa 20 cm Länge werden die Tiere geschlechtsreif. Das Höchstalter liegt bei etwa 20 Jahren. Nasen überwintern in größeren Gruppen an tieferen, strömungsberuhigten Stellen.

Größe: meist 25-40 cm, max. 50 cm

Merkmale: Lang gestreckter, seitlich leicht abgeflachter Körper. Stumpfe, weit vorstehende Schnauze („Nase"), stark unterständiges Maul.

Vorkommen: Schnell fließende Gewässer (Barben- und Äschenregion). Selten auch in Seen, dann vorwiegend nahe von Zu- und Abflüssen. Mitteleuropa von Loire und Rhone bis zum Ural.

Wissenswert

Früher umfassten die Laichzüge der Nasen riesige Schwärme, wobei die Laichtiere teils massenweise gefangen wurden. Die Verbauung von Fließgewässern wie Kanalisierung und Dammbauten vernichtete Laichplätze oder behinderte Laichwanderung und dezimierte so die Bestände.

Rapfen, Schied
Aspius aspius

Raub-Karpfen

Der Rapfen ist tatsächlich ein Wolf im Schafspelz. Er ist der einzige echte Raubfisch unter den heimischen Karpfenfischen. Als Jungtier hält er sich oft in Uferzonen auf und frisst neben Kleintieren bereits Elritzen, kleine Rotaugen und Barsche. Mit dem Heranwachsen stellt er vorwiegend anderen Fischen nach, nahe der Oberfläche z. B. gerne der Ukelei. Im Eifer der Jagd kann er bis zu einem Meter über die Wasseroberfläche schießen. Gelegentlich erbeutet er auch Frösche, Mäuse und kleine Vögel. Abgelaicht wird von April bis Juni (Wassertemp. 8-12 Grad) an stark überströmten Stellen mit Kiesgrund, wo die klebrigen Eier haften bleiben. Nach einer Ruhephase, die die Larven im Kieslückensystem verbringen, driften sie flussabwärts. Mit 3-5 Jahren, bei einer Länge ab 35 cm, werden die Tiere geschlechtsreif. Stauanlagen beinträchtigen die Laichwanderungen. Der Rapfen wurde durch Besatz westwärts (Weser, Ems, Rhein) verbreitet.

Größe: 40 – 80 cm, max. 120 cm.

Merkmale: Lang gestreckter, seitlich abgeflachter Körper, Kopf zugespitzt, weite Maulspalte mit leicht vorstehendem Unterkiefer. Afterflosse deutlich eingebuchtet.

Vorkommen: Größere Fließgewässer (Unter- und Mittelläufe, Barbenregion) und durchströmte Seen. Mitteleuropa von Elbe und Eider bis Kaspisches Meer und Ural.

Wissenswert

Während alle anderen heimischen Raubfische stets einzeln jagen, lässt sich bei Rapfen gelegentlich beobachten, wie sie in Gruppen von 3 bis 5 Tieren in Laubenschwärme stoßen. Bei diesem besonderen Jagdverhalten schießen die Räuber mit elementarer Wucht in einen Schwarm hinein, bis einige der Lauben ins Taumeln geraten und so leichte Beute sind.

Ukelei, Laube
Alburnus alburnus

Die Ukelei ist ein tagaktiver Schwarmfisch. Die lebhaften, scheuen Tiere schwimmen meist nahe der Wasseroberfläche, sowohl in Ufernähe als auch im Freiwasser. Im Winter suchen sie tiefere Stellen auf und bilden dort meist größere Ansammlungen. Als Nahrung dienen ihnen vor allem Zooplankton, darunter kleine Krebstierchen, sowie Anfluginsekten. Von April bis Juni werden die stark klebrigen Eier an flachen Stellen abgelegt, über steinigem oder kiesigem Grund, Wurzelwerk oder Wasserpflanzen. Die Ukelei erreicht mit 2-3 Jahren die Geschlechtsreife und ein Höchstalter von 8 Jahren. Sie dient Raubfischen wie Zander, Barsch, Rapfen und Hecht als Futterfisch.

Ukelei wurden früher in Massen gefangen und als Dünger oder Schweinefutter verwendet. Zur Dämmerung und nachts lösen sich die Ukelei-Schwärme auf. Dann sind die Tiere einzeln anzutreffen und auch leichter zu fotografieren.

Größe: meist 10 bis 15 cm, max. 25 cm.
Merkmale: Körper schlank, länglich, seitlich abgeflacht. Oberständiges, nach oben gerichtetes Maul. Schuppenloser, scharfer Kiel bauchseitig zwischen Bauch- und Afterflosse.
Vorkommen: Langsam fließende und stehende Gewässer, auch im Brackwasser. Von Mitteleuropa nördlich der Pyrenäen und Alpen bis zum Ural.

Wissenswert
Aus den Schuppen der Ukelei gewann man früher das sogenannte Fischsilber, ein Pigment, das durch mehrfache Reflexion einen weichen Glanzeffekt bewirkt. Es war das erste Perlglanzpigment und wurde u. a. für die Herstellung von Kunstperlen, glänzenden Knöpfen und Nagellack verwendet. Heute ist es längst durch zahlreiche synthetische Produkte mit oftmals besseren Eigenschaften ersetzt.

Schneider
Alburnoides bipunctatus

Diese gesellige Art hält sich gerne in Schwärmen nahe dem Boden auf. Zur Nahrung des Schneiders gehören wirbellose Bodentiere wie Insektenlarven, Flohkrebse, gelegentlich auch Anfluginsekten sowie Algen. Von Mai bis Juni laicht er bei 14-24 Grad Wassertemperatur an flachen, rasch überströmten Stellen mit Kiesgrund ab. Ein Weibchen legt bis 3000 der blassgelben etwa 2 mm großen Eier. Diese sind sehr klebrig und haften im Kieslückensystem. Darin verbergen sich nach dem Schlüpfen auch die Larven für einige Tage. Die Tiere werden mit 2 Jahren geschlechtsreif und können 9 Jahre alt werden.

Der Schneider ist heute in manchen Fließgewässerabschnitten völlig verschwunden. Doch die generell verbesserte Wasserqualität hat in manchen Gebieten auch zur Wiederbesiedlung geführt.

Größe: 9-14 cm, max. 16 cm.
Merkmale: Leicht hochrückiger, seitlich abgeflachter Körper. Endständiges Maul. Ober- und unterhalb der Seitenlinie je eine Reihe dunkler Pünktchen. Ansatz von Brust- und Afterflosse orange.
Vorkommen: Bevorzugt klare, sauerstoffreiche Fließgewässer; selten auch in Seen. Von Frankreich (Rhone- und Loire-Einzugsgebiet) bis zum Kaspischen Meer und weit nach Osteuropa hinein.

Tipp für Taucher
Freiwasseraufnahmen vom Schneider sind ausgesprochen rar. Die Art ist selten, unter Wasser sehr schwer aufzufinden und scheu. Am chancenreichsten sind Nahbeobachtungen in der Dämmerung an Uferzonen mit Pflanzen, in denen er gelegentlich ruht. Der auffälligen, einer Doppelnaht ähnelnden Pigmentierung verdankt die Art ihren Namen.

Moderlieschen
Leucaspius delineatus

Moderlieschen lieben kleine Gewässer und sind häufig in pflanzenreichen Weihern, Teichen, Altgewässern bis hin zu Tümpeln, Torfkuhlen und Gräben anzutreffen. Dort bevorzugen sie pflanzenreiche Uferzonen. Sie sind fast immer zwischen oder über Pflanzen anzutreffen, und auch nachts liegen sie bevorzugt im Kraut. Sie ernähren sich vorwiegend von Plankton und Anflugnahrung. Zur Laichzeit im April bis Mai entwickelt das Weibchen eine kurze Legeröhre. Die etwa 1 mm großen Eier (500 bis 3000 pro Weibchen) werden in perlschnurartigen Laichbändern bevorzugt an Pflanzen abgelegt. Das Gelege wird vom Männchen bewacht und betreut. Moderlieschen werden mit einem Jahr bei 4-5 cm Länge geschlechtsreif und können bis 7 Jahre alt werden.

Größe: meist 5 bis cm, max. 12 cm.
Merkmale: Körper gestreckt, seitlich etwas abgeflacht. Sehr kleine, oberständige, steil nach oben gerichtete Mundspalte. Unvollständige, höchstens 12 Schuppen umfassende Seitenlinie.
Vorkommen: Stehende und langsam fließende Gewässer. Mitteleuropa vom Einzugsgebiet des Rheins bis zum Kaspischen Meer und zur Wolga.

Wissenswert
In tieferen Gewässern wie Seen und Baggerseen werden Moderlieschen oft als Raubfischnahrung, etwa für den Zander, eingesetzt.

Mutterlos?
Der Name Moderlieschen hat nichts mit Moder zu tun. Er leitet sich ab vom plattdeutschen Mutterloseken oder Moderloseken, was „mutterlos" bedeutet. Besonders in Kleingewässern tritt diese Art oft unvermittelt in Massen auf – nach Jahren sehr geringen Vorkommens. Solcher explosionsartiger, nur scheinbar elternloser Vermehrung verdankt es seinen Namen.

Bitterling
Rhodeus amarus

Eine Amme für den Bitterling

Zur Laichzeit zwischen April und Juni verteidigen die Männchen jeweils ein kleines Gebiet rund um eine Maler- oder Teichmuschel. Weibchen entwickeln zu dieser Zeit eine mehrere Zentimeter lange, flexible Legeröhre, Männchen ein intensiv schillerndes Farbkleid. Das laichbereite Weibchen wird vom Männchen zur Muschel begleitet, führt die Legeröhre in die Ausströmöffnung der Muschel ein und setzt ein bis drei Eier in den Kiemenraum ab. Anschließend stößt das Männchen sein Sperma über der Einströmöffnung der Muschel aus, sodass es mit dem Atemwasser zu den abgelegten Eiern gelangt. Der Laichakt kann mehrmals mit demselben oder einem anderen Weibchen wiederholt werden. Insgesamt kann ein Weibchen 50 bis 100 der ovalen Eier pro Laichperiode ablegen. Ein Weibchen verteilt seine Eier stets auf mehrere Muscheln und überlässt diesen die „Brutfürsorge". Gut geschützt vor Fressfeinden entwickeln sich die Eier in der Muschel und auch die Larven schlüpfen hier. Mit etwa 1 cm Länge verlassen sie die Muschel und gehen auf Nahrungssuche. Sie fressen Algen, Pflanzenteile und wirbellose Kleintiere wie Insektenlarven, Würmer und Kleinkrebse.

Größe: 5 bis 6 cm, max. 9 cm.
Merkmale: Seitlich abgeflachter, hochrückiger Körper. Kleines, endständiges Maul. Unvollständige Seitenlinie.
Vorkommen: Stehende und langsam fließende Gewässer mit pflanzenreichen Uferzonen und sandigem oder leicht schlammigem Grund. Mitteleuropa ab Loire bis Wolga und Teile Kleinasiens.

Tipp für Taucher

Bitterlinge halten sich gerne im Uferbereich in lediglich ein bis zwei Metern Tiefe auf und außer in verkrauteten Bereichen auch im Schilf und zwischen Seerosen. Gelegentlich ist der gesellige Fisch in lockeren Gruppen bis etwa 20 Tieren anzutreffen. Er geht nicht ins Freiwasser, bleibt über und zwischen Pflanzen und taucht bei Gefahr zwischen diese ab.

Blaubandbärbling
Pseudorasboa parva

Anpassungskünstler
Dieser aus Asien stammende Kleinfisch kann sich sehr gut in unterschiedliche Gewässer und Lebensräume eingewöhnen. In unserem Gebiet bevorzugen die Tiere pflanzenreiche Uferzonen stehender und sehr langsam fließender Gewässer. Zu ihrer Nahrung gehören wirbellose Kleintiere des Bodens und Anfluginsekten. Zur Laichzeit im Frühjahr säubert das Männchen den Laichplatz, zum Beispiel eine Muschel, einen Stein oder andere feste Substrate. Daran legt das Weibchen portionsweise die klebrigen Eier ab. Das Männchen bewacht den Laich, die Larven schlüpfen nach 4-8 Tagen.
Die Tiere haben ein außerordentlich hohes Vermehrungspotential und wachsen sehr schnell heran. Ein Weibchen kann im Jahr zigmal ablaichen. So kann sich die Art in manchen Gewässern massenhaft vermehren und bildet vielerorts stabile, selbst erhaltende Populationen. Der Blaubandbärbling breitet sich ständig weiter aus. Er ist Futterfisch für Raubfische wie dem Zander und ist zudem als Köderfisch und als Aquarienfisch im Handel.

Größe: bis 11 cm.
Merkmale: Schlanker, lang gestreckter Körper; Kopf oberseits abgeflacht; oberständige, steil nach oben gerichtete Mundspalte. Auffälliges bläuliches Längsband entlang der Seiten (verblasst etwas im Alter).
Vorkommen: Heimisch in Ost-Asien, wurde diese Art Anfang der 1960er-Jahre in Osteuropa eingeführt. Von dort hat sie sich bis nach Westeuropa ausgebreitet, wo sie heute in vielen Gewässern wie Seen, Baggerseen, Teichen und Flüssen anzutreffen ist.

Tipp für Taucher
Der Blaubandbärbling liegt gern zwischen Pflanzen, schwimmt dann mal im kleinen Areal etwas herum und geht wieder zurück ins Kraut und liegt ganz still. Er ist nicht sonderlich scheu, geht aber kaum ins Freie und traut sich auch selten weiter als einen halben, höchstens einen Meter über den Grund.

Elritze
Phoxinus phoxinus

Elritzen sind lebhafte, flinke und oberflächenorientierte Schwarmfische. Meist sind sie im oberen Ein-Meter-Bereich der Uferzone zu beobachten. Sie ernähren sich u. a. von Anfluginsekten, Insektenlarven, Kleinkrebsen und Algen. Zur Laichzeit zwischen April und Juli steigen sie in teils größeren Schwärmen kurze Strecken flussaufwärts, um an flachen, kiesigen Stellen abzulaichen. In Seen suchen sie entsprechende Uferbereiche auf. Ein Weibchen kann 200 bis 1000 der klebrigen Eier ablegen, die am Substrat haften. Die innerhalb einer Woche schlüpfenden Larven halten sich die ersten Tage zwischen Steinen verborgen. Durch Gewässerbelastung und -ausbau sind Elritzen vielerorts verschwunden. In geeigneten, gesunden Gewässern sind sie dagegen oft sehr zahlreich. Sie dienen u. a. Forellen, Saiblingen und Quappen als Futterfisch.

Größe: 7 bis 10, max. 14 cm.
Merkmale: Lang gestreckter, fast zylindrischer Körper, nur am Schwanzstiel seitlich abgeflacht. Unvollständige Seitenlinie. Maul klein und endständig.
Vorkommen: Klare, sauerstoffreiche, kleinere Flüsse und rasch fließende Bäche; auch in Seen, in den Alpen bis 2000 m Höhe. Vor Nordspanien über fast ganz Europa und weite Teile Asiens.

Wissenswertes

Elritzen wurden intensiv untersucht, u. a. von Nobelpreisträger Karl von Frisch. Vor allem chemische Signalstoffe, welche die Tiere über ihre Haut abgeben, sorgen für den Zusammenhalt eines Elritzen-Schwarmes. Die Schreckreaktion, wie sie auch andere Karpfenartige zeigen, wurde ebenfalls bei Elritzen entdeckt: Fällt eine einem Räuber zum Opfer, gibt sie Alarmstoffe ab, die ihre Artgenossen zu vorsichtigem Verhalten veranlassen.

Mairenke, Seelaube
Chalcalburnus chalcoides mento

Die Mairenke ähnelt in Körperbau und Färbung stark der Renke und kommt ebenfalls in nährstoffarmen Seen vor. Der lebhafte Schwarmfisch ernährt sich von Plankton und Anfluginsekten. Zur Laichzeit von Mai bis Juni ziehen Mairenken scharenweise in flaches Wasser, bevorzugt in die Zu- und Abflüsse der Seen. Das Ablaichen geschieht an kiesigen Stellen. Die Tiere werden mit 2-3 Jahren geschlechtsreif und können ein Alter von 9 Jahren erreichen. Die Mairenke ist eine von sieben Unterarten der Schemaja (*C. chalcoides*).

Größe: 15-35 cm

Merkmale: Schlanker, lang gestreckter, seitlich abgeflachter Körper. Unterkiefer verdickt und vorstehend, Maul oberständig.

Vorkommen: Tiefe, klare, kühle Seen, Flüsse und Brackwassergebiete. Donaugebiet und nördliche Zuflüsse des Schwarzen Meeres. Gebirgsseen in Bayern und Österreich (z. B. Ammer-, Starnberger-, Sims-, Chiem-, Mond-, Wolfgang-, Traun-, Grundl-, Wörthersee).

Wissenswert
Obwohl sie „Renke" in ihrem Namen trägt, gehört sie nicht zu dieser Familie, sondern ist ein Karpfenfisch.

Steingressling
Gobio uranoscopus

In seinem kleinen Verbreitungsgebiet kommt der Steingressling zunehmend fleckenhaft vor und zählt zu den stark bedrohten Arten. Als ausgesprochener Grundfisch frisst er vor allem wirbellose Kleintiere des Bodens wie Insektenlarven und Würmer sowie Aufwuchs, darunter Kieselalgen. Er laicht von Mai bis Juni an flachen, schnell überströmten Uferstellen, meist an Steinen, seltener auch an Pflanzen. Die klebrigen Eier driften mit der Strömung ab, bis sie an festen Substraten haften bleiben.

Größe: bis 15 cm.
Merkmale: Schlanker, lang gestreckter Körper, dünner Schwanzstiel. Langer, abgeflachter Kopf, schräg nach oben gerichtete Augen, unterständiges Maul mit 2 langen Barteln.
Vorkommen: Bäche und Flüsse im Einzugsgebiet der Donau (z. B. Isar, Salzach, Drau, Gail, Lavant). Zudem in Zuflüssen der Theiß und griechischen Ägais-Zuflüssen.

Tipp für Taucher
Der Steingressling ist extrem selten zu beobachten. Tagsüber hält sich der nachtaktive Fisch meist verborgen, etwa zwischen Kraut oder unter Steinen. Zudem ist er gut getarnt.

Gründling
Gobio gobio

Der tagaktive Grundfisch geht oft in Gruppen auf Nahrungssuche. Er frisst wirbellose Kleintiere des Gewässerbodens wie Insektenlarven, Schnecken und Würmer, daneben Algen und gerne auch Aas. Zu seinen Fressfeinden zählen Hecht, Barsch und Aal, in entsprechenden Fließgewässern auch Barben und Forellen. Auf der Flucht vor Räubern kann sich der Gründling mit dem ganzen Körper in geeigneten Untergrund bohren. Abgelaicht wird von Mai bis Juli an sehr seichten, Stellen mit sandigen bis kiesigem Grund.

Größe: meist 9-15 cm, max. 20 cm.
Merkmale: Körper lang gestreckt, im Querschnitt rundlich, nur am Schwanzstsiel seitlich abgeflacht. Unterständiges Maul, 2 kurze Barteln. Färbung an den Untergrund angepasst.
Vorkommen: Langsam bis etwas schneller fließende Gewässer sowie Uferregionen von Seen; bevorzugt Sand- oder Kiesgrund. Weitverbreitet von Teilen der Iberischen Halbinsel über Mitteleuropa bis China.

Wissenswert
Wirtschaftlich bedeutend ist der Gründling nicht, auch wenn er lokal (z. B. in Frankreich) als Speisefisch geschätzt wird.

Weißflossen-Gründling
Gobio albipinnatus

Der gesellig lebende Bodenfisch bewohnt meist große, nicht zu schnelle Flussabschnitte, verträgt jedoch auch höhere Strömungsgeschwindigkeiten (mindestens bis 75 cm/s). Zur Laichzeit von Mai bis Juni legt das Weibchen die Eier (insgesamt bis 1500) portionsweise in etwa einwöchigen Intervallen über feinsandigen bis kiesigen Bereichen ab. Die Tiere ernähren sich von kleinen Bodentieren und Algen. Sie werden mit 2 Jahren geschlechtsreif und meist 4, maximal 6 Jahre alt.

Größe: 8-12 cm, max. 15 cm.
Merkmale: Körper lang gestreckt, seitlich zusammengedrückt. Unterständiges Maul mir 2 Barteln. Rücken-, After- und Schwanzflosse ungefleckt (Unterschied zu unseren anderen *Gobbio*-Arten).
Vorkommen: Fließgewässer, auch in einigen Seen. Einzugsgebiet vom Kaspischen und Schwarzen Meer (Ural bis Donau). Breitet sich aktuell weiter aus, heute z. B. auch in Oder, Elbe, Rhein.

Tipp für Taucher
Diese Art liebt schattige Bereiche und ist meist im Schatten von Bäumen und Pflanzen anzutreffen. Sie kommt auch in kleinen Wildbächen vor.

Barbe
Barbus barbus

Barben liegen tagsüber gerne auf dem Grund, z. B. zwischen Geröll, versunkenem Astwerk, unter Wehren oder hinter Brückenpfeilern. Mit der Dämmerung gehen sie auf Nahrungssuche, wobei sie vor allem kleine Bodentiere wie Insektenlarven, Schnecken, Würmer und Muscheln fressen, gelegentlich auch Pflanzenteile und kleine Fische. In der Paarungszeit (Mai-Juli) ziehen sie in Schwärmen oft größere Strecken flussaufwärts. Die Männchen tragen dann einen starken Laichausschlag. An flach gelegenen, gut überströmten Kiesbänken legt das Weibchen die 2 mm großen, goldgelben, klebrigen Eier ab. Die meist nach 10-15 Tagen schlüpfenden Larven halten sich im Kieslückensystem verborgen, bis sie ihren Dottersack aufgebraucht haben. Mit 3-4 Jahren, ab 25 cm, werden die Weibchen geschlechtsreif. Zur Winterruhe suchen Barben etwas tiefere, ruhige Stellen auf. Sie könne etwa 15 Jahre alt werden.

Größe: meist 30 bis 60 cm, selten bis 90 cm.

Merkmale: Körper lang gestreckt, bauchseitig abgeplattet. Lange Schnauze mit unterständigem Maul, wulstigen Lippen und 4 Barteln an der Oberlippe. Färbung bräunlich bis grünlich mit Messingglanz.

Vorkommen: Klare, sauerstoffreiche Fließgewässer mit Sand- oder Geröllgrund (Leitfisch der Barbenregion); seltener auch in Seen, dann vor allem im Umkreis von etwa 50 Metern an Zu- und Abflüssen. West- und Mitteleuropa bis zum Schwarzmeergebiet.

Tipp für Taucher
Für das Foto (rechts oben) konnte sich der Fotograf in der starken Strömung nicht neben der Barbe halten, wurde mehrmals abgetrieben und kämpfte sich stets mühsam wieder vor, während sein Motiv seelenruhig, scheinbar ohne Anstrengung auf der Stelle lag.

Bachschmerle, Bartgrundel
Barbatula barbatula

Als stationärer Bodenbewohner bevorzugt die Bachschmerle einen strukturierten Gewässergrund, der ihr genügend Schlupfwinkel bietet. Sie ist überwiegend dämmerungs- und nachtaktiv und hält sich tagsüber oft unter Steinen oder zwischen Pflanzen versteckt.
Die Bachschmerle schwimmt keine größeren Strecken und selbst wenn sie gestört wird, macht sie nur einen kleinen Satz von höchstens einem Meter, um sich gleich wieder auf den Grund zu legen. Sie ernährt sich von Kleinkrebsen, Insektenlarven, Würmern, Algen und gelegentlich auch Fischlaich. Zur Paarungszeit von März bis Mai zeigen beide Geschlechter an der Innenseite der Bauchflossen einen feinkörnigen Laichausschlag. Das Weibchen legt die 1 mm großen, klebrigen Eier nachts portionsweise an sauberen Steinen ab. Das Gelege wird vom Männchen bis zum Schlüpfen der Brut bewacht.

Größe: meist bis 12 cm, selten über 16 cm.
Merkmale: Lang gestreckter, walzenförmiger Körper, nur am Schwanz seitlich etwas zusammengedrückt. Abgeflachter Kopf mit unterständigem Maul. An der Oberlippe 6 Barteln. Seitenlinie hell abgehoben. Färbung dem Untergrund angepasst.
Vorkommen: Klare, flache Fließgewässer, in klaren, besonders auch hartgründigen Uferregionen. In West-, Mittel und Osteuropa bis nach Asien weitverbreitet.

Tipp für Taucher
In Seen mit Zu- und Abflüssen bevorzugen Bachschmerlen diese Bereiche. Oft lassen sie sich besser beim Schnorcheln beobachten und fotografieren, da sie nicht selten im sehr flachen, nur bis einem Meter tiefen Wasser anzutreffen sind (z. B. auch in kleinen Kanälen). Auch frei auf dem Grund liegend sind sie meist gut getarnt und leicht zu übersehen.

Steinbeißer
Cobitis taenia

Steinbeißer sind vorwiegend dämmerungs- und nachtaktiv, den Tag verbringen sie meist im Boden eingegraben, sodass oft nur ihr Kopf herausschaut. Mit einbrechender Dunkelheit durchwühlen sie den Boden nach Nahrung, zu der Kleinkrebse, Würmer und Detritus (abgestorbenes organisches Material) gehören. Dazu durchkauen sie den Bodengrund und stoßen den dabei aufgenommenen Sand durch die Kiemenöffnungen wieder aus (daher „Steinbeißer"). Von April bis Juli legen die Weibchen die klebrigen Eier in Bodennähe ab, oft an Steinen, Pflanzen oder Wurzeln.

Luftschlucker
Die Lebenserwartung beträgt bis etwa 5 Jahre. Der Steinbeißer verträgt zeitweiligen Sauerstoffmangel. Er kann an der Wasseroberfläche Luft schlucken und dieser über den Darm Sauerstoff entziehen. Sauerstoffarme Zeiten in seinem Gewässer überdauert er durch diese Darmatmung.

Größe: meist 5-10 cm, max. 12 cm
Merkmale: Lang gestreckter, seitlich stark abgeflachter Körper. Unterständiges Maul, 6 kurze Barteln an der Oberlippe. In einer Hautfalte unter dem Auge ein aufrichtbarer, zweispitziger Dorn („Dorngrundel").
Vorkommen: Fließende und stehende Gewässer mit sandig-weichem Grund, doch ohne Faulschlamm. Fast ganz Europa bis Asien, mehrere Unterarten.

Wissenswert
Als einzige ursprünglich heimische Fischart können sich Steinbeißer klonen. In der Natur kreuzen sie sich regelmäßig mit einer anderen Steinbeißerart (*C. elengatoides*). Die daraus entstehenden Hybriden sind nicht wie üblich steril, sondern können sich wieder kreuzen und als weitere Besonderheit auch klonen. Über Gynogenese vermehren sich die Hybridweibchen des Steinbeißers asexuell: Ihre Eizellen teilen und entwickeln sich – ohne männliche Befruchtung – zu fertigen Fischen, wobei Mutter und Tochter genetisch identisch sind.

Wels, Waller
Siluris glanis

Zur Laichzeit (Mai-Juli, ab 18, meist über 20 Grad) fertigt das Männchen in seichten pflanzenbewachsenen Uferbereichen eine flache nestähnliche Laichmulde an. Darin legt das Weibchen portionsweise die klebrigen Eier (bis 4,5 Millionen) ab, bevorzugt in den Abendstunden und nach einem meist stürmischen Balzspiel. Bis zum Schlüpfen der Brut bewacht das Männchen das Gelege und fächelt ihm regelmäßig frisches Wasser zu. Die kaulquappenähnlichen Larven schlüpfen nach 2-3 Tagen. Die Jungfische leben zunächst von Plankton, stellen aber schon bald Fischen nach. Sie werden mit 3-6 Jahren ab 60 cm Länge geschlechtsreif. Das Höchstalter liegt bei 80 Jahren.

Wo der Waller wohnt
Der Wels bewohnt vorzugsweise größere, nicht zu kalte Gewässer mit tieferen Stellen und weichem Grund. Den Tag verbringt der stationäre Grundfisch meist in Verstecken wie Höhlungen, Kolken oder versunkenem Astwerk. Nicht selten liegt er auch auf weiten, offenen Schlammflächen in sogenannten Schlafkuhlen, die er im Sommer regelmäßig aufsucht.

Größe: 100 bis 200 cm, selten über 250 cm.
Merkmale: Langer, massiger Körper mit schuppenloser, schleimiger Haut. Hinterer Teil seitlich stark zusammengedrückt, Kopf dagegen breit und horizontal abgeflacht. Großes, endständiges Maul mit zahlreichen kleinen Bürstenzähnen.
Vorkommen: Stehende und langsam fließende Gewässer. Mittel-, Ost und Südost-Europa bis Aralsee/Kleinasien.

Wissenswert
Der Wels kann Schallwellen, auch von der Wasseroberfläche, sehr gut wahrnehmen. Seine Schwimmblase ist über kleine Knochen (ähnlich unseren Mittelohrknöcheln) verbunden mit dem Innenohr. Durch diese Konstruktion gehört die Fischgruppe der Welsartigen zu den Fischen mit dem höchsten Hörvermögen überhaupt.

Zwergwels, Katzenwels
Ameiurus nebulosus

Stellenweise ist der Zwergwels bei uns eingebürgert, bildet also sich selbst erhaltende Populationen. Er kann 9 Jahre alt werden, doch während er bei uns kaum größer als 35 cm wird, kann er in wärmeren Gewässern seiner Heimat gut 50 cm erreichen. Bezüglich der Gewässergüte erweist er sich als anspruchslos, verträgt Wassertemperaturen bis 31 Grad, einen geringen Sauerstoffgehalt und toleriert bis zu einem gewissen Grad Verschmutzung mit Abwässern. In unseren Gewässern kann er sich bei Temperaturen über 18 Grad fortpflanzen. Die Tiere fertigen an geschützten, flachen Stellen einfache Nestmulden aus Pflanzenmaterial, in welche die klebrigen Eier abgelegt und anschließend bewacht werden. Zum breiten Nahrungsspektrum des bodenorientierten, nachtaktiven Fisches gehören Insektenlarven, Kleinkrebse, Schnecken, Würmer, Fischlaich und -brut sowie kleine Fische.

Größe: bei uns bis 35 cm
Merkmale: Schuppenloser Körper, im hinteren Bereich seitlich abgeflacht. Kopf horizontal abgeplattet, mit kleinen Augen, großem endständigem Maul und je 4 Barteln am Ober- und Unterkiefer; Fettflosse.
Vorkommen: Langsam fließende und stehende Gewässer mit weichem Grund. Der Zwergwels stammt aus Nordamerika und wurde seit 1885 in Mitteleuropa eingeführt.

Wissenswert
In seiner Heimat ist der Zwergwels ein geschätzter Speisefisch, der gerne geangelt und in Aquakultur gehalten wird.

Quappe, Rutte
Lota lota

Dorschfische kommen weltweit mit etwa 200 Arten vor. Davon ist die Quappe die einzige im Süßwasser lebende Art. Tagsüber hält sich der Bodenfisch etwa unter Steinen, zwischen Pflanzen oder Wurzeln verborgen. In Seen dringen die Quappen dann auch in große Tiefen vor (im Bodensee bis über 200 Meter). Zur Dämmerung und nachts kommen sie hoch und gehen auf Nahrungssuche. Jungfische fressen vor allem wirbellose Kleintiere wie Insektenlarven. Erwachsene leben räuberisch, vor allem von Fischen und Fischlaich. Mit ihrem Bartfaden kann die Quappe auch im Boden eingegrabene Beute aufspüren.
Als Winterlaicher pflanzt sie sich von November bis März (Wasser-Temp. 0,5-4 Grad) fort. Die sehr zahlreichen Eier (bis 1 Million pro kg Körpergew.) enthalten einen Öltropfen, können daher schweben und in Fließgewässern verdriftet werden. Die Larven schlüpfen nach 6-10 Wochen. Die Quappe wird mit 3-4 Jahren ab 20-30 cm geschlechtsreif und kann 25 Jahre alt werden.

Größe: meist 30-60 cm, max. 120 cm
Merkmale: Lang gestreckter Körper, hinter seitlich zusammengedrückt. Breiter, abgeplatteter Kopf. Große, leicht unterständige Maulspalte mit feinen Hechelzähnen. Ein Bartfaden am Unterkiefer, zwei sehr kurze an den Nasenöffnungen.
Vorkommen: Stehende und fließende Gewässer, bevorzugt kühl, klar und sauerstoffreich. Vom Brackwasser der Flussmündungen bis zur Forellenregion. In Alpen- und Voralpenseen bis 1200 m Höhe.

Tipp für Taucher
Zwischen Oktober und März sind Quappen besonders aktiv – und dann eher schwer zu fotografieren. Im Sommer schränken sie Nahrungsaufnahme und Aktivitäten ein und werden recht träge. Dann sind sie leicht auf das Bild zu bannen. Sie sind jedoch gut getarnt und werden meist erst entdeckt, wenn sie sich bewegen.

Dreistachliger Stichling
Gasterosteus acuelatus

Diese Art tritt in 2 Ökotypen auf: Die bis 11 cm große, anadrome Wanderform (*G. a. trachurus*) zieht zum Ablaichen von März bis Juni vom Meer in oft großen Schwärmen ins Süßwasser. Die bis 8 cm große Binnenform (*G. a. leiurus*) lebt stationär ganzjährig in Süßgewässern. Die Tiere sind meist gesellig, doch zur Laichzeit verteidigt das Männchen ein kleines Revier gegenüber Rivalen. Mit dem Maul hebt es eine flache Bodenmulde aus und baut darin ein tunnelartiges Nest aus Pflanzenfasern, die es mit einem Nierensekret verleimt. Das Männchen bewacht das Gelege, fächelt mit den Brustflossen Frischwasser zu und schützt später ein Zeitlang auch die ausgeschlüpfte Brut. Die Tiere werden mit 1-2 Jahren (5-6 cm Länge) geschlechtsreif und können 4 Jahre alt werden. Der Stichling ist sehr leicht in ausreichend großen, pflanzenreichen Kaltwasser-Aquarien zu halten. Er ist einer der am besten untersuchten heimischen Fische und ein idealer Aquarienfisch zum Studium von Verhaltensweisen.

Größe: meist 5 bis 8 cm, max. 11 cm.
Merkmale: Schuppenloser Körper. Zugespitztes, endständiges Maul. Erste Rückenflosse auf 3 einzeln stehende, bewegliche Stacheln reduziert.
Vorkommen: Küstenbereiche der Meere, Brackwasser, fließende und stehende Süßgewässer. Mit mehreren Formen in Europa, Nordasien, Nordamerika verbreitet.

Wissenswert

Der Dreistachlige Stichling zeigt ein faszinierendes Verhalten bei Revierbildung, Balz, Paarung, Nestbau und Brutpflege. Das laichbereite Weibchen wird in einem Zickzack-Tanz zum Nest geführt. Schwimmt es hinein, wird es vom Männchen durch Stöße mit der Schnauze gegen den, aus dem Eingang ragenden Schwanzstiel, zur Eiablage veranlasst.

Flussbarsch, Barsch
Perca fluviatilis

Der Flussbarsch ist einer der am weitesten verbreiteten Fische und sehr anpassungsfähig. Er kommt fast überall vor: in zahlreichen Gewässertypen vom Brackwasser der Ostsee bis zu Gebirgsseen, und das häufig in hoher Dichte. Nur sehr rasch strömende sowie moorige Gewässer meidet er. Als Nahrung dienen ihm verschiedene Kleintiere. Ab etwa 15 cm Länge lebt er zunehmend räuberisch und frisst überwiegend Fische, darunter auch kleinere Artgenossen. Die Laichzeit reicht von März bis Juni. Das Weibchen legt bis zu 300.000 weißliche Eier in Form 1 bis 2 cm breiter und bis zu 1 Meter langer, netzartiger Laichbänder ab. Solche Gallertbänder findet man zur Paarungszeit regelmäßig an Wasserpflanzen, Wurzeln, versunkenen Ästen und Steinen. Sie werden während der Ablage meist von mehreren Männchen besamt. Nach 1 bis 3 Wochen schlüpfen die 6-5 mm langen Larven. Flussbarsche können über 25 Jahre alt werden.

Größe: 15 bis 30 cm, max. 50 cm
Merkmale: Mehr oder weniger hochrückiger Körper. Weite, endständige Mundspalte. 2 Rückenflossen, die vordere mit Stachelstrahlen und schwarzem Fleck am Hinterrand. Färbung gelbgrün bis bläulich graugrün.
Vorkommen: Zahlreiche stehende und fließende Gewässer, auch in Brackwasser. Weitverbreitet in Europa und Asien. Fehlt u. a. auf der Iberischen Halbinsel und Nordnorwegen.

Wissenswert
Der Flussbarsch ist ein geschätzter Angel- und Speisefisch, in manchen Gegenden auch wirtschaftlich wichtig und daher auch durch Besatz weiter verbreitet. In nahrungsarmen Gewässern oder bei zu geringem Druck durch Raubfische neigen die Tiere zur Überbevölkerung und sogenannten Verbuttung: Sie bilden dann Kümmerformen und werden schon mit geringer Größe geschlechtsreif.

Zander
Sander lucioperca

Der Zander ist ein stationärer Raubfisch und der größte aus der Barschfamilie. Die Laichzeit erstreckt sich von März bis Juni bei Wassertemperaturen ab etwa 10 bis 15 Grad. In geringen Tiefen wird mit dem Schwanz eine flache Laichgrube geschlagen, in welche das Weibchen alle Eier (bis 2 Millionen) auf einmal ablegt. Sie sind klebrig und haften am Substrat. Bis zum Schlüpfen der Brut wird das Gelege vom Männchen bewacht, befächelt, sauber gehalten und mit entschlossenen Attacken gegen Laichräuber verteidigt. Die Jungfische ernähren sich zunächst von Zooplankton und Kleintieren des Bodens. Schon nach dem ersten Jahr besteht ihre Nahrung hauptsächlich aus Fisch, wie z. B. Stint, Ukelei, Plötze, aber auch jungen Flussbarschen. Mit 3-5 Jahren ab 30 cm Länge werden sie geschlechtsreif und können bis 17 Jahre alt werden. In der kalten Jahreszeit macht der Zander keine Winterruhe, schränkt aber die Nahrungsaufnahme ein.

Größe: 40 bis 50 cm, max. 130 cm.
Merkmale: Lang gestreckter Körper. Weites, endständiges Maul mit kleinen Bürstenzähnen und großen Fangzähnen im Über- und Unterkiefer.
Vorkommen: Bevorzugt große, nährstoffreiche Still- und Fließgewässer. Ursprünglich in Mittel- und Osteuropa östlich der Elbe bis zum Aralsee; westlich der Elbe eingeführt.

Wissenswert
Einzeln oder in kleinen Trupps jagt er im Gegensatz zum Hecht bevorzugt im Freiwasser und auch in Bodennähe. Gerade im planktontrüben Wasser ist der Zander ein erfolgreicher Jäger und kann sich dort besser gegenüber dem Hecht durchsetzen als in klaren Gewässern.
Der hochwertige Speise- und Angelfisch ist bedeutend für die Teichwirtschaft. Seine Bestände werden vielerorts durch Besatz gestützt und weiter verbreitet.

Kaulbarsch
Gymnocephalus cernuus

Der Kaulbarsch streift gerne in kleineren Gruppen oder auch in größeren Scharen auf Nahrungssuche umher. Eher seltener trifft man ihn einzeln, etwa im Kraut stehend, an. Als Nahrung dienen ihm vorwiegend Insektenlarven, Würmer, Schnecken, Muscheln und kleine Krebstiere, bei Gelegenheit auch Fischlaich. Zur Laichzeit von März bis Mai und Wassertemperaturen zwischen 10 und 15 Grad zieht er in oftmals großen Schwärmen zu flachen Uferstellen. Die klebrigen Eier (bis 100.000 pro Weibchen) sind gelblich weiß und nur 0,5-1 mm groß. Sie werden portionsweise in Form gallertiger Schnüre oder Klumpen an Steinen, Kies, Sand oder seltener auch an Pflanzen abgelegt. Die Larven schlüpfen nach 8-12 Tagen, die Jungtiere werden schon mit 1 bis 2 Jahren geschlechtsreif und können bis 11 Jahre alt werden.

Heute spielt der Kaulbarsch als Wirtschafts- oder Speisefisch keine Rolle mehr. Früher wurde er beispielsweise in Norddeutschland mancher Orts in Massen gefangen und als Dünger verwendet.

Größe: meist bis15, max. 25 cm
Merkmale: Gedrungener, seitlich weniger abgeflachter Körper. Stumpfe Schnauze, endständiges Maul. Kiemendeckel mit Dorn.
Vorkommen: Größere Fließgewässer, besonders im Unterlauf (Kaulbarsch-Flunder-Region). Auch in Seen, Haffen und Brackwasser. Weitverbreitet von Mittel- über Ost- und Nordeuropa bis zum Weißmeergebiet und Asien.

Tipp für Taucher
Kaulbarsche mischen sich gelegentlich auch unter Flussbarsche oder schwimmen neben größeren Fischen. Sie sind in solcher Gesellschaft wohl etwas sicherer vor ihren Fressfeinden, zu denen vor allem Hecht und Zander gehören. Kaulbarsche sind nicht scheu, man kann sich ihnen problemlos nähern.

Zingel
Zingel zingel

In Deutschland ist der Zingel nur noch punktuell in wenigen Gewässern zu finden. Zu den Gründen für den Rückgang gehören wohl Gewässerausbau- und -verschmutzung. Doch in einigen wenigen Gebieten haben sich seine Bestände in den vergangenen Jahren erfreulicherweise erholt, so etwa in der Donau bei Regensburg. Als Nahrung dienen dem Zingel kleine Bodenbewohner wie Insektenlarven, Würmer, Kleinkrebse sowie Fischlaich und -brut. Die Laichzeit liegt zwischen März und Mai. Die 1,5 mm großen, klebrigen Eier (bis etwa 5000 pro Weibchen) werden über steinig-kiesigen, überströmten Stellen abgelegt und haften am Substrat.

Der Zingel zeigt keine deutliche Trennung der Querbinden, sondern eher große, unregelmäßige, ineinander übergehende Flecken. Beim sehr ähnlichen Streber sind die Querbinden klar voneinander getrennt.

Größe: 20 bis 30 cm, max. 50 cm.
Merkmale: Spindelförmiger Körper mit dünnem Schwanzstiel. Zugespitzter Kopf, unterständiges Maul mit Bürstenzähnen.
Vorkommen: Schneller fließende Gewässer mit Sand- Kies- und Steingrund. Endemisch in Donau (Baden-Württemberg bis Schwarzmeer-Mündungsgebiet), Dnjestr und deren Nebengewässern.

Tipp für Taucher
Der nachtaktive Grundfisch verbringt den Tag meist ruhend zwischen Steinen, Holz und anderen Verstecken. Mit seiner dem Grund angepassten Färbung ist er schwer zu entdecken, solange er sich nicht regt. Die Fortbewegung erfolgt stoßweise, mit ruckartigen und hüpfenden Bewegungen. Der Zingel ist gut an Strömungen angepasst und ist auch in Bereichen mit Geschwindigkeiten bis etwa 40 cm pro Sekunde anzutreffen.

Streber
Zingel streber

Der Streber ist ein typischer Grundfisch ohne Schwimmblase: Er rutscht eher über den Boden, als dass er wirklich schwimmt. In seinem bevorzugten Lebensraum – kiesgründige, klare, flache Fließgewässer – hält er sich tagsüber gerne in tiefen Gumpen auf. Nachts geht er mit typischen ruckartigen Bewegungen auf Nahrungssuche (Kleinkrebse, Würmer, Insektenlarven, gelegentlich auch Fischbrut). Zur Laichzeit im März bis April werden die klebrigen Eier (wenige Tausend pro Weibchen) an stärker überströmten Kiesbänken abgelegt.

Größe: 12 bis 18 cm, max. 22 cm.
Merkmale: Schlank spindelförmiger Körper. Drehrunder, auffallend langer Schwanzstiel.
Vorkommen: Fließgewässer mit sandig-kiesigem Grund. Endemisch in der Donau und ihren Nebenflüssen (Baden-Württemberg bis zum Schwarzmeer-Delta) sowie in der Vardar.

Wissenswert

Steber haben ein kleines Verbreitungsgebiet und gelten als selten. Wasserverschmutzung, Verschlammung von Laichplätzen und Fließgewässerausbau haben die Bestände weiter dezimiert, gebietsweise ist die Art völlig verschwunden.

Forellenbarsch
Micropterus salmoides

Der Forellenbarsch laicht von März bis Juli (Wassertemperaturen 16-18 Grad). Das Männchen baut in Flachwasserbereichen eine große Laichmulde (bis 90 cm im Durchmesser), in welche das Weibchen bis etwa 11.000 der klebrigen Eier ablegt. Die Larven schlüpfen nach 3-5 Tagen und bleiben im Nest, bis sie ihren Dottervorrat aufgezehrt haben. So lange wird das Nest bewacht. Jungtiere fressen vorwiegend Wirbellose. Ältere leben räuberisch von Fischen, daneben auch von Krebsen und anderen Tieren. Die Art wird bis etwa 16 Jahre alt.

Größe: 40-60, max. 97 cm.
Merkmale: Gestreckter, seitlich abgeflachter Körper. Großer Kopf und großes Maul. Olivgrün, dunkler Rücken, Flanken mit zackigem Längsband aus dunklen, unregelmäßigen Flecken.
Vorkommen: Heimat ist Nordamerika. In Europa eingeführt und bei uns in einigen Voralpenseen, besonders im Rhein- und Donaugebiet.

Wissenswert
Mit seinem großen Maul überwältigt der Forellenbarsch auch sehr große Beute. Er greift aus Deckung oder Schatten heraus an. Er ist vorsichtig, aber nicht scheu und steht meist zwischen null und zehn Metern Tiefe.

Sonnenbarsch
Lepomis gibbosus

Bei uns wird der Sonnenbarsch meist nur 15 cm groß und bevorzugt wärmere, pflanzenreiche Gewässern, z. B. entsprechende Seen, Baggerseen, Weiher, ruhige Buchten von Flüssen, Altarme und auch Ästuare bis etwa 1,8 % Salzgehalt.
Zur Laichzeit (bei uns Mai-Juni) legt das Männchen an seichten Stellen flache Laichgruben an, in die das Weibchen seine Eier ablegt. Ein Weibchen kann in mehr als einem Nest ablaichen, ebenso können mehr als ein Weibchen dasselbe Nest zur Eiablage nutzen. Das Männchen bewacht die Brut und später für einige Tage auch die geschlüpften Larven. Es fächelt Frischwasser zu und vertreibt aggressiv mögliche Laichräuber, darunter auch größere Fische. Ein Männchen führt in der Regel nacheinander mehrere Laichgeschäfte pro Saison durch. Sonnenbarsche fressen wirbellose Kleintiere wie Insektenlarven (besonders auch Mückenlarven) Kleinkrebse, Schnecken, daneben auch kleine Fische.

Größe: 10 bis 15 cm, max. 40 cm.
Merkmale: Hochrückiger, seitlich stark abgeflachter Körper. Kleines Maul mit Bürstenzähnchen. Am Kiemendeckel ein schwarzer, bei erwachsenen Tieren meist zusätzlich ein roter Fleck.
Vorkommen: Stehende und langsam fließende Gewässer. Die Heimat liegt im Osten Nordamerikas. Wurde 1887 in Europa eingeführt, heute in vielen Teilen West-, Mittel- und Osteuropas eingebürgert.

Tipp für Taucher
Der Sonnenbarsch ist nicht scheu, kann sogar auf Taucher zuschwimmen. Dennoch ist er schwer zu fotografieren, da er häufig abrupte, kurze, sprungartige Schwimmbewegungen macht: Seltener ist er im Freiwasser, meist in Ufernähe anzutreffen, bodennah manchmal in lockeren Gruppen bis etwa 20 Tieren.

Groppe, Koppe
Cottus gobbio

Die Groppe ist ein stationärer, überwiegend dämmerungs- und nachtaktiver Bodenbewohner. Tagsüber hält sie sich meist unter Steinen oder Wurzeln versteckt. Sie hat keine Schwimmblase und ist stets am Gewässergrund anzutreffen. Typisch ist die auf die kräftigen Brustflossen gestützte, robbende Fortbewegung über den Grund. Groppen fressen kleine Bodentiere wie Insektenlarven und Bachflohkrebse, gelegentlich Fischlaich und -brut. Zur Laichzeit (Februar-Mai) werden an einer vom Männchen vorbereiteten Stelle – einer Laichgrube zwischen Steinen oder an der Unterseite eines hohl liegenden Steins – vom Weibchen die klebrigen, rötlich gelben Eier (100-300 Stück) in Form eines Klumpens abgelegt. Das Männchen bewacht und befächelt das Gelege mit Frischwasser, bis die Brut nach 4-6 Wochen schlüpft. Die Tiere werden bereits im zweiten Lebensjahr ab etwa 5 cm Länge geschlechtsreif und können 6 Jahre alt werden.

Größe: 10 bis 15 cm, max. 18 cm.

Merkmale: Keulenförmiger, schuppenloser Körper, abgeflachter, breiter Kopf. Weites, endständiges Maul. Hochliegende Augen. Färbung abhängig vom Untergrund.

Vorkommen: Saubere, klare und sauerstoffreiche Fließgewässer; bevorzugt Bäche und kleinere Flüsse mit steinigem Grund; auch in klaren, nährstoffarmen Seen mit steinigen bis sandigen Uferbereichen. Westeuropa von den Pyrenäen bis zum Ural. In den Alpen bis 2200 m Höhe. Auch im Brackwasser der Ostsee.

Wissenswert

Schon geringfügige Gewässerverschmutzung oder -ausbau führt oft zum Verschwinden der Groppe. Eine Nahrungskonkurrenz zur Bachforelle besteht im Gegensatz zu früheren Annahmen nicht. Vielmehr dient sie selbst Salmoniden (Lachsfischen) als Futterfisch.

Flussgrundel
Neogobius fluviatilis

Die Flussgrundel ist ein typischer Grundfisch mit bodengebundener Lebensweise. Sie hat keine Schwimmblase und zeigt eine ruckartige Schwimmweise, die eher einem Rutschen über den Grund gleicht. Selbst wenn sie gestört wird, schwimmt sie in der Regel nur ein kleines Stück, kaum einen Meter weit. Als Nahrung dienen ihr verschiedene bodenlebende Kleintiere, besonders auch Mollusken. Zur Laichzeit ist das Männchen schwärzlich gefärbt. Es unterhöhlt mithilfe seiner großen Brustflossen einen ausgewählten Stein, sodass ein Weibchen die Eier an der hohl liegenden Unterseite des Steins festheften kann. Ein Weibchen kann bis 1500 Eier ablegen. Das Gelege wird vom Männchen einige Tage lang bewacht. Die Flussgrundel wird maximal 4-5 Jahre alt.

Größe: 15 bis 18 cm, max. 20 cm
Merkmale: Gestreckter Körper, Kopf etwas abgeflacht. Weite Mundspalte. Große Brustflossen.
Vorkommen: In großen Flüssen, auch in Seen. Küstenbereiche, Ästuare und Zuflüsse von Schwarzem, Asowschen und Marmara-Meer und weiter östlich bis Kaspischem Meer. In den Zuflüssen bis 1000 km stromaufwärts; in der Donau bis Ungarn. Die Art breitete sich besonders in den letzten zwei Jahrzehnten weiter aus, u. a. bis Polen. Über den Rhein-Main-Donau-Kanal kam sie bis nach Deutschland (2008 im Duisburger Hafen gefunden) und Holland (2009 im Rhein bei Waal gefunden). In Süddeutschland findet man sie heute u. a. in einigen wenigen Flüssen, Bächen und Auwaldseen (z. B. bei Kehl).

Fortpflanzung

Traute Zweisamkeit: Dieses Karpfenpaar schwamm gemeinsam umher, legte sich eine ganze Weile nebeneinander auf den Grund, schwamm erneut als Paar umher, rieb sich aneinander und laichte über Pflanzen ab. Dann begannen sie mit ihrem Paarungsspiel wieder vor vorn (unten).

Legewerkzeug für Muschellaicher: Um seine Eier präzise in die Ausströmöffnung von Muscheln abzusetzen, bildet das Bitterling-Weibchen eine mehrere Zentimeter lange, flexible Legeröhre aus (rechts oben).

Unerschrocken: Beim Bewachen seiner Laichmulde kennt der Zander kein Pardon. Sekunden nach der Aufnahme rammte dieses Männchen mit Anlauf die Kamera. Allzu neugierige Taucher wurden auch schon im Gesicht getroffen (rechts unten).

Die Farben der Fische

Bei Fischen kommen neben alters-, umgebungs- und stimmungsbedingten Farbkleidern auch dauerhafte, weil genetisch bedingte Abweichungen in der Färbung vor. Ungewöhnlich gelb gefärbte (xanthistische) Exemplare sind Defektmutanten, die nur gelbe und rote Pigmente besitzen, während ihnen braune und schwarze Pigmente (Melanine) fehlen. Albinos können genetisch bedingt weder Melanine noch gelbe und rote Farbstoffe bilden.

Goldkarpfen: Auch beim Karpfen kommen in freier Natur solche seltenen, goldfarbenen Varietäten vor (unten).

Goldplötze: Typischerweise hat das Rotauge (Plötze) eine silbergraue Färbung mit dunklerer, grüngrauer Rückenpartie. Intensiv rote Exemplare wie dieses sind selten und als Goldplötze bekannt (rechts oben).

Goldschleie: Ebenfalls in freien Gewässern anzutreffen sind gelegentlich solche xanthistischen Exemplare der Schleie (rechts unten).

Goldelritze: In dieser goldfarbenen Variante, der auch die sonst üblichen, dunklen und undeutlichen Querbinden fehlen, ist diese Elritze erst auf den zweiten Blick als solche zu erkennen.

Goldforelle: Bei diesem im freien Gewässer entdeckten Exemplar handelt es sich um eine Regenbogenforelle mit Xanthochromismus: Sie besitzt nur rote und gelbe Farbpigmente.

Goldorfe: Diese orangefarbene Variante des Alands wird als Zierfisch für Aquarien und Gartenteiche gezüchtet. Gelegentlich gelangt eines, wie dieses 30 cm lange Exemplar, in freie Gewässer. Eine weitere Variante ist die Silberorfe.

Albino-Wels: Auch bei Fischen gibt es Albinismus, so wie diesen Albino-Wels, der jedoch sehr selten ist. Ihm fehlen auch in der Iris die Pigmente. Seine Augen sind daher blassrosa.

Fressen und gefressen werden

Rausgeschleimt: Erst erwischte der Hecht die Schleie am Bauch. Die glitschige Schleie wand sich aus dem Hechtmaul und legte sich wenige Meter entfernt auf offenen Grund. Dort wurde sie vom Hecht wieder entdeckt und ein zweites Mal gepackt. Doch wieder „schleimte" sie sich heraus und schoss weg – diesmal schlauer, in dichtes Kraut. Der verdutzt wirkende Hecht fand sie diesmal nicht wieder (links unten).

Doch kein letzter Blick: In einem Unterstand lauernd hatte der Wels den vorbeischwimmenden Aland geschnappt. Zehn Minuten hatte er ihn im Maul, schaffte es aber nicht, die verquer liegende Beute ganz zu schlucken. Da ließ er den Aland frei, der weiterschwamm, als sei nichts geschehen (rechts oben).

Eiskalt abgewartet: Der Kamberkrebs krabbelt aus dem Kraut, am „Hindernis" Wels empor, dann über die Schnauze wieder herunter – ein großer Fehler. Der bis dahin völlig reglose Wels schnappte zu und verputzt war die Krustentier-Mahlzeit (rechts unten).

Großer Räuber, kleine Zähne: Der Wels ist ein Raubfisch mit nur winzigen Bürstenzähnen. Doch die sind ideal zum Festhalten glitschiger Beute, die er durch blitzschnelles Aufreißen des riesigen Mauls in sich hineinsaugt.

Groß frisst Klein: Selbst ein Hecht lebt gefährlich – solange er noch jung ist. Hier hat ein Zander einen Junghecht erwischt und schon in der richtigen Position im Maul.

Gelegenheitsräuber: Der Sonnenbarsch gilt eigentlich als Friedfisch, der sich vor allem von Wirbellosen ernährt. Doch manchmal frisst er auch kleine Fische, wie hier eine Laube.

Zupackendes Wesen: Hier hat sich ein Hecht im blitzschnellen Vorstoß eine Rotfeder geschnappt. Um diese zu schlucken, muss er sie jetzt nur noch in die richtige Position bringen: Kopf voran.

Bastarde

Nicht nur in Zuchtanstalten lassen sich manche Fischarten miteinander kreuzen. Auch unter natürlichen Bedingungen in freien Gewässern treten häufig Kreuzungen auf. Solche Nachkommen von Elternpaaren unterschiedlicher Arten bezeichnet man als Bastarde oder Hybriden. In ihrem Erscheinungsbild zeigen sie Merkmale von beiden Elternteilen. Solche Mischlinge sind in ihrer Artzugehörigkeit nicht einfach zu bestimmen. Die meisten Bastarde sind steril, können sich also selber nicht weiter fortpflanzen. Hybriden sind häufig von Karpfenfischen, Forellenartigen und Störartigen bekannt.

Unbeliebt: Karpfen kreuzen sich leicht mit Karauschen. Die daraus hervorgehenden Bastarde (Karpfkarauschen) wachsen langsam und haben nur ein Paar Bartfäden, die dünner und kürzer sind als die des Karpfens. Als Speisefische sind sie wenig geschätzt und bei Teichwirten unbeliebt (oben links).

Rote Augen, rote Flossen: Kreuzen sich Rotfeder und Rotauge, entstehen solche Bastarde. Die Rotfeder kreuzt sich zum Beispiel auch mit Güster oder Ukelei (oben rechts).

Techtelmechtel: Hier kuscheln sich Güster (links) und Brachsen (rechts) aneinander. Hybriden aus diesem zwischenartlichen Techtelmechtel werden Güsterbrachsen genannt (Mitte rechts).

Leckerbissen: Der Elsässer Saibling ist eine Kreuzung aus Bachsaibling (*Salvelinus alpinus*) und Seesaibling (*Salvelinus fontinalis*). Als schnellwüchsiger Bastard wird er für die Gastronomie gezüchtet. Als Tigerforelle wird die Kreuzung aus Bachsaibling und Bachforelle bezeichnet (unten).

Register

Aal **100**
Abramis bjoerkna **156**
Abramis brama **136**
Abramis sapa **138**
Acipenser baeri **92**
Acipenser gueldenstaedtii **95**
Acipenser ruthenus **94**
Acipenser stellatus **96**
Acipenser sturio **98**
Aitel **144**
Aland **144, 214**
Albino-Sterlet **98**
Albino-Wels **215**
Alburnoides bipunctatus **168**
Alburnus alburnus **166**
Ameiurus nebulosus **186**
Amerikanischer Flusskrebs **38**
Anguilla anguilla **100**
Anodonta anatina **58**
Anodonta cygnea **59**
Äsche **120**
Asellus aquaticus **26**
Aspius aspius **160**
Astacus astacus **30**
Astacus leptodactylus **36**
Atyaephyra desmaresti **27**
Austropotamobius pallipes **33**
Austropotamonius torrentium **34**

Bachforelle **112, 218**
Bachneunauge **90**
Bachsaibling **106, 218**
Bachschmerle **180**
Barbatula barbatula **180**
Barbe **178**
Barbus barbus **178**
Barsch **192**
Bartgrundel **180**
Bergmolch **68**
Bergmolch-Larve **82**
Bitterling **208, 168**
Blaubandbärbling **170**
Blei **136**
Blicke **156**
Bombina bombina **73**
Bombina variegata **72**

Brachsen **136, 218**
Brassen **136**
Bufo bufo **74**

Carassius carassius **132**
Carassius gibelio **134**
Chalcalburnus chalcoides mento **174**
Cherax destructor **42**
Chondrostoma nasus **158**
Cobitis taenia **182**
Coregonus spp. **119**
Cottus gobio **204**
Craspedacusta sowerbyi **14**
Cristatella mucedo **15**
Ctenopharyngodon idella **144**
Cyprinus carpio **126**

Döbel **144**
Dohlenkrebs **33**
Dreikantmuschel **62**
Dreissena polymorpha **62**
Dreistachliger Stichling **190**
Dytiscus marginalis **18**

Edelkrebs **30, 32**
Eiförmige Schlammschnecke **57**
Elritze **172**
Elsässer Saibling **218**
Emys orbicularis **86**
Entenmuschel **58**
Ephydatia fluviatilis **13**
Erdkröte **74**
Erdkröten-Larve **82**
Eriocheir sinensis **52**
Esox lucius **122**
Europäischer Flusskrebs **30**
Europäischer Stör **98**
Europäische Sumpfschildkröte **86**
Europäische Süßwassergarnele **27**

Fadenmolch **71**
Fadenmolch-Larve **82**
Felchen **119**
Flussbarsch **192**
Flussgrundel **206**
Flusskrebs **32, 50**
Flussperlmuschel **60**
Forellenbarsch **201**

Galizischer Krebs **36**
Gallertiges Moostierchen **15**
Gasterosteus acuelatus **190**

Gelbbauchunke **72**
Gelbrandkäfer **18, 64**
Gemeine Teichmuschel **58**
Geweihschwamm **12**
Giebel **134**
Gobio albipinnatus **177**
Gobio gobio **176**
Gobio uranoscopus **175**
Goldelritze **212**
Goldforelle **212**
Goldkarpfen **210**
Goldorfe **213**
Goldplötze **210**
Goldschleie **210**
Grasfrosch **76**
Graskarpfen **142**
Groppe **204**
Große Maränen **119**
Großer Gelbrandkäfer **18**
Große Teichmuschel **59**
Gründling **176**
Güster **156, 218**
Güsterbrachsen **218**
Gymnocephalus cernuus **196**

Haemopis sanguisuga **17**
Hasel **64, 148**
Hecht **122, 124, 214, 216, 217**
Huchen **102, 104**
Hucho hucho **102**
Hypophthalmichthys molitris **140**
Hypophthalmichthys nobilis **139**

Kalikokrebs **40**
Kamberkrebs **38, 214**
Karausche **132, 218**
Karpfen **126, 128, 208**
Karpfkarauschen **218**
Katzenwels **186**
Kaulbarsch **196**
Kaulquappe **64, 82**
Kiemenfuß **24**
Klumpenschwamm **13**
Koppe **204**
Krebspest **32**

Lachs **116**
Lampetra planeri **90**
Larve **82**
Laube **164, 217**

Lederkarpfen **129**
Lepomis gibbosus **202**
Leucaspius delineatus **166**
Leuciscus cephalus **144**
Leuciscus idus **146**
Leuciscus leuciscus **148**
Leuciscus souffia **150**
Libellenlarven **20**
Lota lota **188**
Lymnaea stagnalis **54**

Mairenke **174**
Margaritifera margaritifera **60**
Marmorata-Forelle **118**
Marmorkarpfen **141**
Marmorkrebs **48**
Micropterus salmoides **201**
Moderlieschen **64, 166**
Moorfrosch **77**
Mysis relicta **28**

Nase **158**
Natrix natris **84**
Neogobius fluviatilis **206**
Nerfling **146**
Notonecta glauca **23**

Ochsenfrosch **79**
Ochsenfrosch-Larve **82**
Oncorhynchus mykiss **110**
Orconectes immunis **40**
Orconectes limosus **38**
Orfe **146**

Pacifastacus leniusculus **44**
Perca fluviatilis **192**
Pferdeegel **17**
Phoxinus phoxinus **172**
Pilzartiges Moostierchen **16**
Plötze **152**
Plumatella fungosa **16**
Procambarus clarkii **46**
Procambarus sp. **48**
Pseudorasbora parva **170**

Quappe **188**

Radix balthica **57**
Rana arvalis **77**
Rana catesbeiana **79**
Rana dalmatina **78**
Rana ridibunda **80**
Rana temporaria **76**

Ranatra linaris **22**
Rapfen **160**
Regenbogenforelle **110**
Renken **119**
Rhodeus amarus **168**
Ringelnatter **84**
Rotauge **152, 218**
Rotbauchunke **73**
Roter Amerikanischer
 Sumpfkrebs **46**
Rotfeder **154, 217, 218**
Rotwangen-Schildkröte **87**
Rückenschwimmer **23**
Ruderwanzen **6**
Russischer Stör **95**
Rutilus rutilus **152**
Rutte **188**

Saibling **108**
Salmo marmoratus **118**
Salmo salar **116**
Salmo trutta forma fario **112**
Salmo trutta forma lacustris **114**
Salvelinus alpinus **108**
Salvelinus fontinalis **106**
Sander lucioperca **194**
Scardinius erythrophthalmus **154**
Schied **160**
Schleie **130, 214**
Schneider **164**
Schuppenkarpfen **128**
Schwebgarnele **28**
Seeforelle **114**
Seefrosch **80**
Seelaube **174**
Seesaibling **108, 218**
Sibirischer Stör **92**
Signalkrebs **44**
Silberkarausche **134**
Silberkarpfen **140**
Siluris glanis **184**
Sonnenbarsch **202, 217**
Spiegelkarpfen **129**
Spitze Sumpfdeckelschnecke **56**
Spitz-Schlammschnecke **54**
Spongilla lacustris **12**
Springfrosch **78**
Stabwanze **22**
Steinbeißer **182**

Steingressling **175**
Steinkrebs **34**
Sterlet **94**
Sternhausen **96, 98**
Stör **98**
Streber **200**
Strömer **150**
Sumpfkrebs **36**
Süßwasserqualle **14**

Taumelkäfer **6**
Teichfrosch **80**
Teichmolch **70**
Thymallus thymallus **120**
Tigerforelle **218**
Tinca tinca **130**
Tolstolob **140**
Trachemys scripta **87**
Triops **24**
Triops cancriformis **24**
Triturus alpestris **68**
Triturus helveticus **71**
Triturus vulgaris **70**

Ukelei **162, 218**

Viviparus contectus **56**

Waller **184**
Wandermuschel **62**
Wasserassel **26**
Wasserläufer **6**
Waxdick **95, 98**
Weißer Amur **142**
Weißflossen-Gründling **177**
Wels **184, 215, 216**
Wildkarpfen **128**
Wollhandkrabbe **52, 64**

Yabby **42**

Zander **196, 208, 216**
Zingel **198**
Zingel streber **200**
Zingel zingel **198**
Zobel **138**
Zwergwels **186**

Danksagung

Das vorliegende Buch ist eine Premiere. Über hundert heimische Süßwassertiere werden hier erstmals alle in ihrem natürlichen Lebensraum gezeigt. Dies war nur möglich durch die engagierte Unterstützung hervorragender Naturfotografen. Dafür danke ich ihnen herzlich. Ihre Süßwasserbilder gehören zu den besten, in solcher Qualität selten gesehenen Naturfotos. Dokumentiert werden damit erstmals auch die Lebensräume einzelner Tiere und ihre natürliche Verhaltensweisen in freier Natur.

Matthias Bergbauer

Bildnachweis

Herbert Frei (www.underwaterpics.de): 2-3, 5o, 6, 8, 9, 19, 22,23, 25, 26, 27, 29, 31, 33, 35, 39u, 41, 43u, 47, 49, 50, 53, 55u, 59, 61, 65, 70, 71, 72,73, 75, 76, 77, 78, 79, 81o, 83, 85, 87, 91, 93, 94, 95, 97, 99, 101o, 103, 104, 105, 107o, 109, 111, 113, 115, 118, 119, 121, 125, 127, 128, 129o, 131, 133, 135, 137, 138, 141, 143, 145, 147, 149, 151u, 153, 155, 157, 159, 161, 163u, 165, 167, 171, 173, 175, 176, 177, 179o, 181o, 187, 191o, 197, 199, 200, 201, 203, 205, 207, 208, 209, 210, 211, 212, 213o, 214, 215, 216u, 217, 219,
Dr. Christoph Giese (www.biosight.de): 7, 14, 55o, 63o, 183u,
Wolfgang Hollaus: (www.rotholl.at) 86
Udo Kefrig (www.unterwasserfotografie.de): 4, 15, 17, 51u, 189, 195o,
Manuela Kirschner (www.tauchfotos.de): 5 zweites v.o, 5 u, 10-11, 12, 13, 21, 37, 39o, 43o, 45, 51o, 56, 58, 69, 81u, 88-89, 101u, 123, 129u, 139, 163o, 169o, 179u, 181u, 185, 193u, 213u, 216o,
Dr. Martin Mildenberger (www.bio-aqua.de): 5 drittes v. o, 16, 57, 63u, 66-67, 107u, 117, 151o, 169u, 174, 183o, 191u, 193o, 195u,
Dr. Michael Möhlenkamp (www.EdelkrebsprojektNRW.de): 32

Mit 230 Farbfotos

(Bildnachweis siehe S. 222)

Umschlaggestaltung von Populärgrafik, Stuttgart,
unter Verwendung eines Fotos von Herbert Frei.
Es zeigt eine Barbe.

Trotz sorgfältiger Prüfung und Recherche sind alle Angaben in diesem
Buch ohne Gewähr. Die Planung und Durchführung der Tauchgänge
liegen allein in der Verantwortung der Taucher selbst. Eine Garantie oder
Haftung der Autoren, des KOSMOS-Verlags oder von ihm beauftragter
Personen sind ausgeschlossen.

Unser gesamtes lieferbares Programm und viele
weitere Informationen zu unseren Büchern,
Spielen, Experimentierkästen, DVDs, Autoren und
Aktivitäten finden Sie unter **www.kosmos.de**

Gedruckt auf chlorfrei gebleichtem Papier

© 2011, Franckh-Kosmos Verlags-GmbH & Co. KG, Stuttgart.
Alle Rechte vorbehalten
ISBN 978-3-440-12312-6
Redaktion: Monika Weymann
Layout: Populärgrafik Stuttgart
Gestaltung und Satz: Populärgrafik Stuttgart
Produktion: Markus Schärtlein
Printed in in Italy / Imprimé en Italie